新特産シリーズ

ダダチャマメ

おいしさの秘密と栽培

阿部利徳＝著

農文協

水田転換畑との相性がよいダダチャマメ（開花期の様子）

下は白山ダダチャの花。ダイズの中では珍しい白い花をつける

独特の甘みとコク，香り豊かなダダチャマメをつくる，味わう

ゆでた直後の白山ダダチャ。GABAを多く含むなど，健康機能性も高い。豆乳もおからもおいしい

収穫間際の白山ダダチャ

子実間の強いくびれのある莢と，独特な粒の形。2粒莢が多いのも特徴

ダダチャマメ系品種の広がりと，新品種の作出

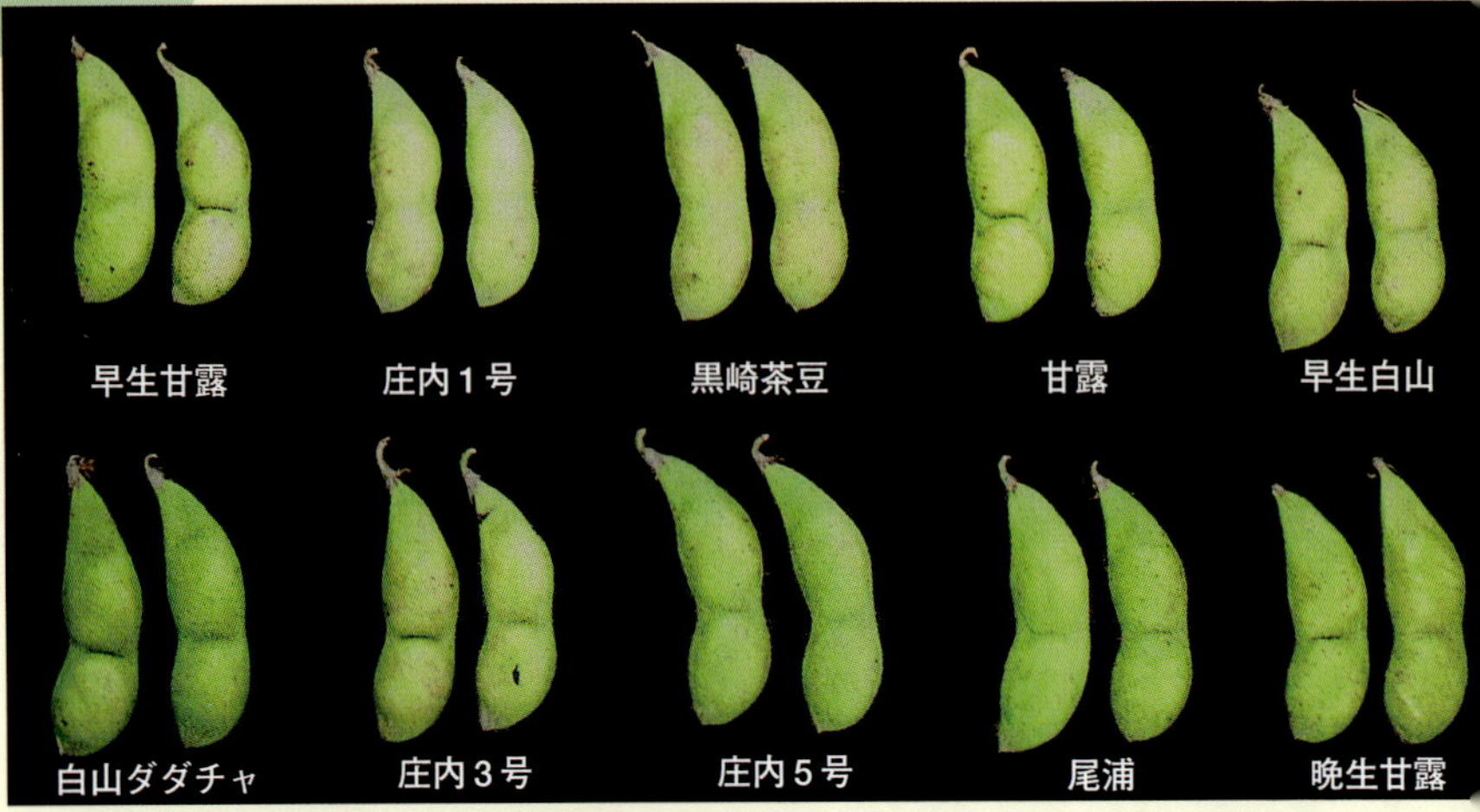

上：ダダチャマメ系品種の莢
左：普通ダイズ品種とダダチャマメ系品種の子実の比較
（上段/完熟子実，下段/未熟子実，左/普通ダイズのナカセンナリ，中/白山ダダチャ，右/甘露）

ダダチャマメの代表的な品種，白山ダダチャは完熟子実に皺が寄るのが特徴。皺の種子のエダマメはおいしいとされ，農家の主婦によって選抜されてきた。

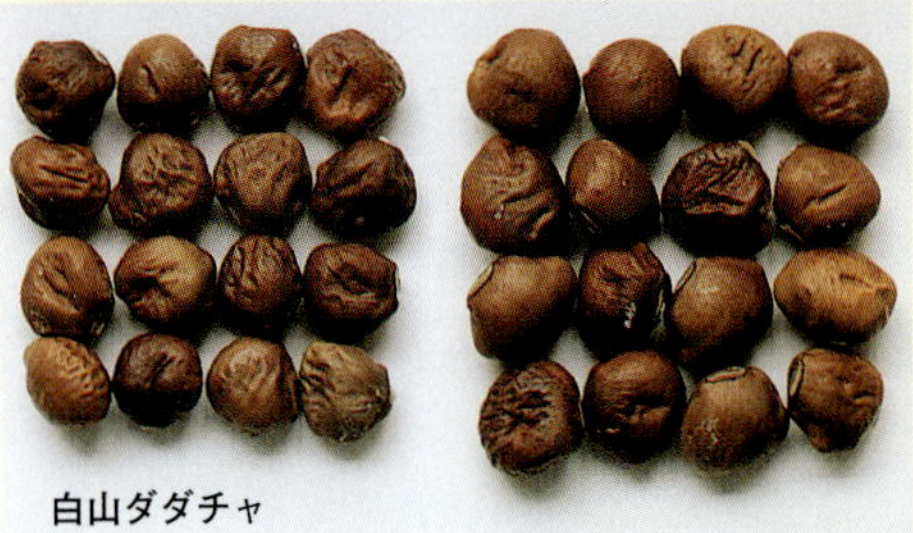

白山ダダチャのおいしさをもった大粒種も育成されている（右：系統26-5-33）。

右は，鶴岡市白山地区の公民館に建つ白山だだちゃ豆記念碑

はじめに

ダダチャマメは、そのおいしさ故にブランド化に成功し、作付面積も山形県鶴岡市だけで二〇〇七年には八五〇haに拡大し、比較的有利に販売されている。ダダチャマメとはどんなエダマメなのか、どうしておいしいのか、食べたときの健康機能性はどうか、おいしいダダチャマメの栽培はどうするのかなどいろいろな人から聞かれることが多い。山形大学農学部では、二〇年ほど前からダダチャマメの成分を中心に、そのおいしさはどこからくるのか研究を行なってきた。

ダダチャマメは七月下旬から九月上旬にかけて、鶴岡市を中心に生産されるエダマメで、種皮が褐色であり莢には細く短い茶毛（毛茸《もうじょう》）が生えている。ゆでで食べると独特の甘みとコク、香りの豊かなエダマメである。エダマメのおいしさの成分として、旨味のアミノ酸、甘味の糖、そして香りの成分、2-アセチルピロリンが大きく関わっていることがこれまでの研究から明らかになっている。ダダチャマメ系統の品種は、ほかのエダマメ用品種と比較して圧倒的にこれらの含量が多く、良食味である。しかしながら、ダダチャマメは栽培が難しく、良食味のダダチャマメを生産するためには土づくりや栽培管理に十分な注意を要する。また、ダダチャマメ系統には約一〇品種が栽培されているが、これらの品種の特性を理解し、これらの特性に合わせた栽培が求められる。この本では、これまでの研究成果も織り交ぜながら、ダダチャマメとはどんなエダマメなのかその魅力を探ってみた。

阿部　利徳

目次

序章

ダダチャマメ栽培の魅力

1　ダダチャマメとは

(1) 農家がそだてたエダマメ

図1　ダダチャマメが誕生した鶴岡市の位置
（点線は旧市域）

ダダチャマメは種子の形や色が普通ダイズと比較して大きく異なるが、普通ダイズと同じく種名は *Glycine max* である。

この本では便宜上、ダダチャマメとカタカナで表記するが、古来、「だだちゃ豆」と記載されてきた。ダダチャマメはブランド化されて、よく知られるようになったが、名前の由来については諸説ある。「だだちゃ」とは山形県の鶴岡（図1）では「お父さん」あるいは「親父」という意味である。したがって、「だだちゃ豆」とは「お父さんの豆（エダマメ）」あるいは「親父の豆（エダマメ）」ということになる。江戸時代に庄内は酒井藩の殿様がエダマメが好きで、その時期になると城下からエダマメを持ち寄らせて、「今日は、どこのだだちゃのエダマメか」と尋ねたとか、「小真木《こまき》のだだちゃのエダマメが食べたい」（注：小真木は鶴岡市内の地名）と言ったとかと伝えられており、このことから「だだちゃ豆」と呼ばれるようになったと言われている。

では、ダダチャマメはどこからきたのか。福島県伊達郡から持ち込まれたという説がある。ただ、これまで福島県には在来の茶豆が見いだされていないことから、これは誤説であると思われる。一方、元千葉大学教授の青葉高氏によると、新潟県の下越地方で、江戸時代に茶香エダマメがつくられていた記録があることから、これと近縁のものが庄内地方に入ったのが始まりとしている。

庄内の酒井藩下の一部の熱心な自作農民や藩士は、良食味のエダマメ子実を自家採種し、代々受け継いできた。そこでは絶えず自家選抜が行なわれ、各家ごとの若干特性を異にする系統が分化していった。代表的な系統としては「平田豆」や「赤澤豆」をあげることができる。そうしたなかで明治の後期に農家のお母さんが改良した系統に、「藤十郎だだちゃ豆」がある。「藤十郎だだちゃ豆」は、白山地区の森屋初という一女性によって一九一〇年（明治四十三年）頃に改良され、さらに同地区の女性たちの努力によって代々選抜が重ねられた。これが今日ダダチャマメの代表的な品種とされる白山ダダチャである。現在、栽培されている主なダダチャマメの系統は一二品種存在するが、白山ダダチャはその中心的な品種である。

(2) 白い花と、タネの皺が特徴

では、一般のエダマメとダダチャマメとはどのように異なるのか。

一般のエダマメ品種は、早生から晩生まで一〇〇以上の品種が存在するが、白花はきわめてまれで、多くは紫花であり、また幼植物の胚軸に紫色が現われる。これに対しダダチャマメ系統の品種は一般的に、胚軸が緑色で、花は白色である。普通栽培での葉色や莢色はやや黄緑を帯びる。また二粒莢の割合が約七〇%と多く、完熟種子の種皮色は褐色を呈する。種皮に皺が寄る品種と、皺がなく丸か扁楕円形となる品種がある。一般のエダマメの完熟種子の種皮は黄色か緑で、種皮に皺は寄らない。

生態的特性としては、ダダチャマメ系統は夏ダイズ型であり、一般に五月上旬の播種で七月上〜中旬に開花し、八月上旬から収穫する。白山ダダチャの場合は中生の品種であるので、八月二十日前後に収穫となる。

ダダチャマメと呼ばれない品種でも、新潟県で栽培されている黒埼茶豆やその他の茶豆は形態的、あるいは生態的特徴がダダチャマメと類似している。とくに黒埼茶豆はＤＮＡレベル（第Ⅲ章を参照）で見てもダダチャマメときわめて近い品種である。ひと口でダダチャマメの特徴を整理すると、花は白色で、胚軸は緑色であり、完熟種子の種皮は褐色で皺がある。

2　食べておいしく、健康になる

(1) たぐいまれなおいしさ

エダマメのおいしさは、甘み、旨みおよび香りの三要素で表わすことができる（図2）。甘みは糖、旨みは遊離アミノ酸、よい香りは2-アセチル-1-ピロリン（次ページの図3）という物質である。

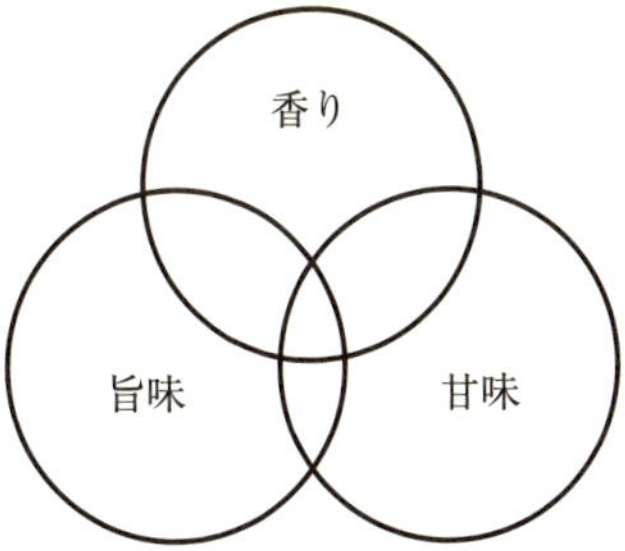

図2　エダマメにおける食味の三要素

多くの品種を用いて比較した結果、ダダチャマメはこのいずれも多く含んでいる。この2-アセチル-1-ピロリンは子葉部よりも種皮に多く、普通のエダマメ品種と比較して四～五倍多く含まれている。

表1にダダチャマメ系統の白山ダダチャと甘露、そして山形県で栽培されている普通エダマメ品種（秘伝と青ばた）の糖と遊離アミノ酸含量の差異（二〇〇五年データ）を示した。図4に未熟子実の構造を示したが、このような成分分析では、未熟子実の種

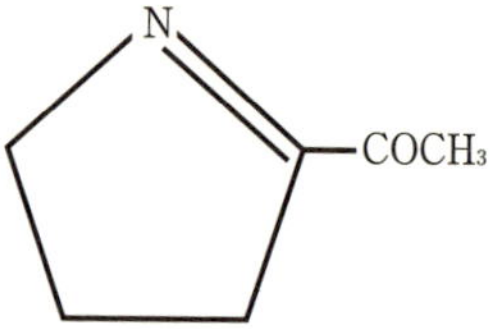

図3　2-アセチル-1-ピロリンの構造式

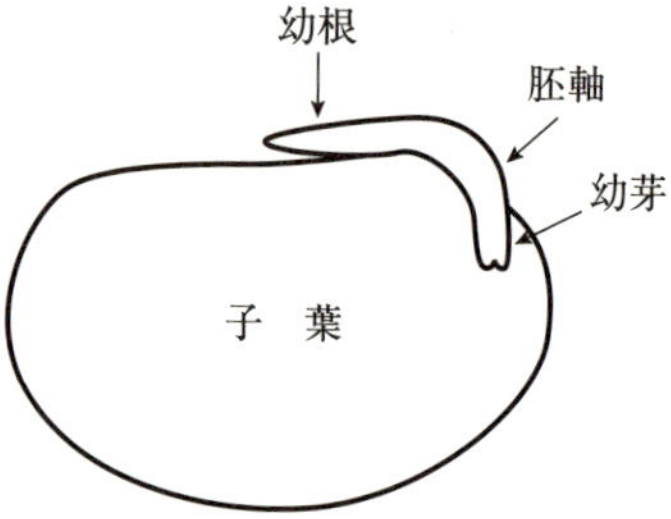

図4　ダイズ（エダマメ）未熟子実の構造

表1　ダダチャマメ品種と普通エダマメ品種との成分比較

（2005年データ）

品　種	全糖（スクロース）*	全遊離アミノ酸*
白山ダダチャ	5.06　(4.11)	0.92
甘露	5.22　(4.24)	0.88
秘伝	2.49　(2.00)	0.63
青ばた	2.87　(2.46)	0.61

注）数値は3莢の平均値。
　*：g/100g 新鮮重

皮を除き、子葉部を露出させ、さらに幼根や幼芽を含む胚軸部を除き分析している。ダダチャマメの遊離アミノ酸含量は普通エダマメ品種と比較して〇・八〜一・〇%と多く含み、グルタミン酸、アスパラギン、アラニンが多いが、おいしいダダチャマメにはとくにアラニンが多く含まれる。ダダチャマメ子実中の糖として、スクロース、グルコース、フルクトースおよびイノシトールの四種が含まれる。全糖に対してスクロースは圧倒的に多く、八〇〜八五%を占める。おいしいダダチャ

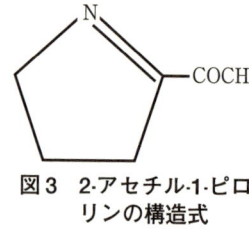

マメでは、通常の栽培で全糖を五％含む。このように遊離アミノ酸や糖（とりわけスクロース）がほかのエダマメ品種と比較して多いことが決定的であり、このことが日本一おいしいという評価をもたらしている。

(2) 健康機能性も高い

ダダチャマメは糖や遊離アミノ酸が多くおいしいばかりでなく、健康の面からもよいことがわかってきた。ダダチャマメの代表的な品種である白山ダダチャの遊離アミノ酸を詳しく分析した結果、非タンパク性の遊離アミノ酸のＧＡＢＡ（γ-アミノ酪酸）が、新鮮重一〇〇ｇあたり五〇mg程度含まれていることがわかった。これはＧＡＢＡが多く含まれているといわれる発芽玄米のさらに七～一〇倍も多い量である。ＧＡＢＡには顕著な血圧抑制作用があることが知られている。すなわち高血圧を抑制したり、また、肝機能や腎機能を活発にし、脳内血流を活性化する働きがあるとされている。

また、ダダチャマメの未熟種皮にはカテキンの重合したプロアントシアニジンを多く含む。プロアントシアニジンはダダチャマメの新鮮重一ｇあたり五〇～一〇〇μM含まれているが、普通のエダマメ用ダイズにはほとんど含まれていない（図19参照）。この未熟種皮抽出液の抗酸化活性の程度を調べてみると、プロアントシアニジン含量ときわめて高い相関関係があることがわかっている（ＤＰＰＨラジカル消去活性分析）。このことから、ダダチャマメ系統の未熟子実は種皮も一緒に食することにより、細胞に有害な活性酸素を除去する効果が期待できるということである。

(3) おいしさと機能性を損なわずに食べる

① 朝採りがポイント

栽培農家では、早朝の六時頃からダダチャマメの収穫を始める。これは朝のまだ気温が上がらない間に収穫し、出荷の準備をすることによって、収穫後の糖や遊離アミノ酸の損失を防ぐためである。収穫したエダマメの莢を室温で貯蔵した場合、二四時間後には遊離アミノ酸や糖は七〇～八〇%に減少し、四日後には半分以下になるという報告がある。そのため、まだ気温が上がらない八時頃までに収穫を終え、選別後四～五℃で予冷する。予冷した場合は四～五日後でも成分の低下は防止できる（図23）。

また朝採りの子実は、比較的低温であり、水分を七三%程度に多く含むため、鮮度を保持するのに好ましい。朝採りの枝つきのエダマメを購入し、新鮮なうちにゆでると成分の減少がなく、香りも低下しないので、おいしく味わえる。

② 味や成分はゆで方で変わる

ダダチャマメはゆで方によっても味が変わってくる。ダダチャマメをゆでるとき、三倍以上の十分な量の水を沸騰させてから、水洗いした莢を入れ、再沸騰後三分で鍋からザルに移す。少量の食塩を振りかけ、扇や扇風機で冷ますとともに食塩が子実まで浸透してから食べる。三〜四％の食塩水でゆでれば、食塩を振りかける必要がない。

いずれにしても、再沸騰後三分のゆで時間がポイントである。三分以上ゆでた場合は、ゆで時間に比例して糖含量が低下するので要注意である（図24）。

3　農家のお母さんがつくったエダマメ――そのルーツ

(1) ダダチャマメの王様、白山ダダチャ

庄内地方のダダチャマメ系統は民間によって育種された顕著な事例である。ダダチャマメ系統でもっとも良食味といわれる白山ダダチャが鶴岡の一農婦により育種されたことは先に述べたことだが、その育種の過程をもう少し詳しく見ていくと、この白山ダダチャは純系選抜法によって育成されていることがわかる（図5）。この白山ダダチャ成立の経緯に関しては、鶴岡市の白山公民館庭に設置されている「白山だだちゃ豆記念碑」の碑文に見ることができる（口絵参照）。その碑には「森屋初は明治40年、娘茶豆に8月20日以降に実る一本の変種を発見。甘さと芳香に優れた系統を選別・選種し同43年屋号を冠し『藤十郎だだちゃ豆』が育成された。同形種は漸次地名で広まり、そ

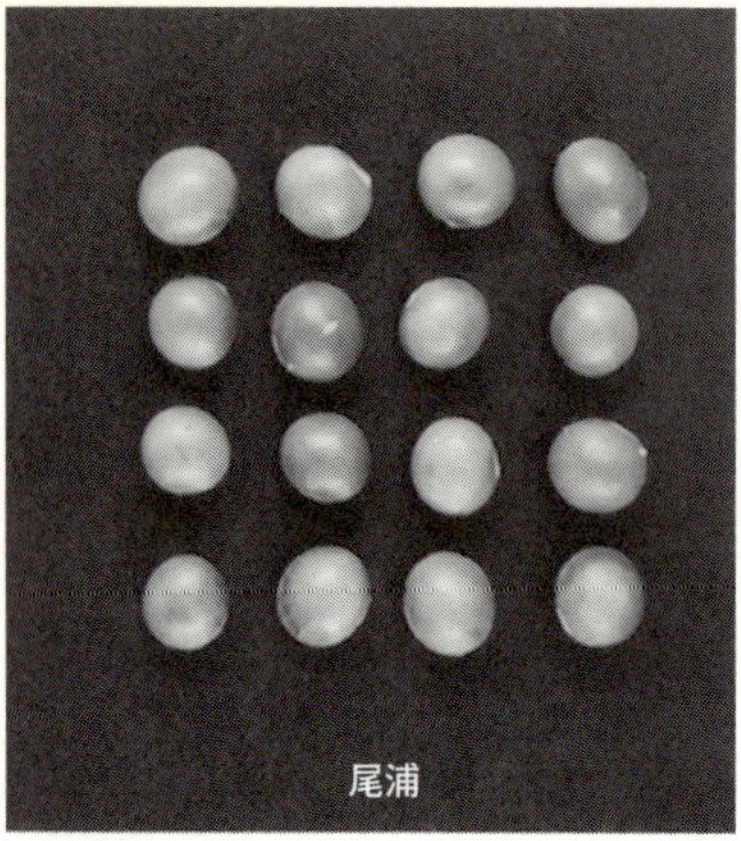

の違い

が皺，尾浦は全粒が丸。

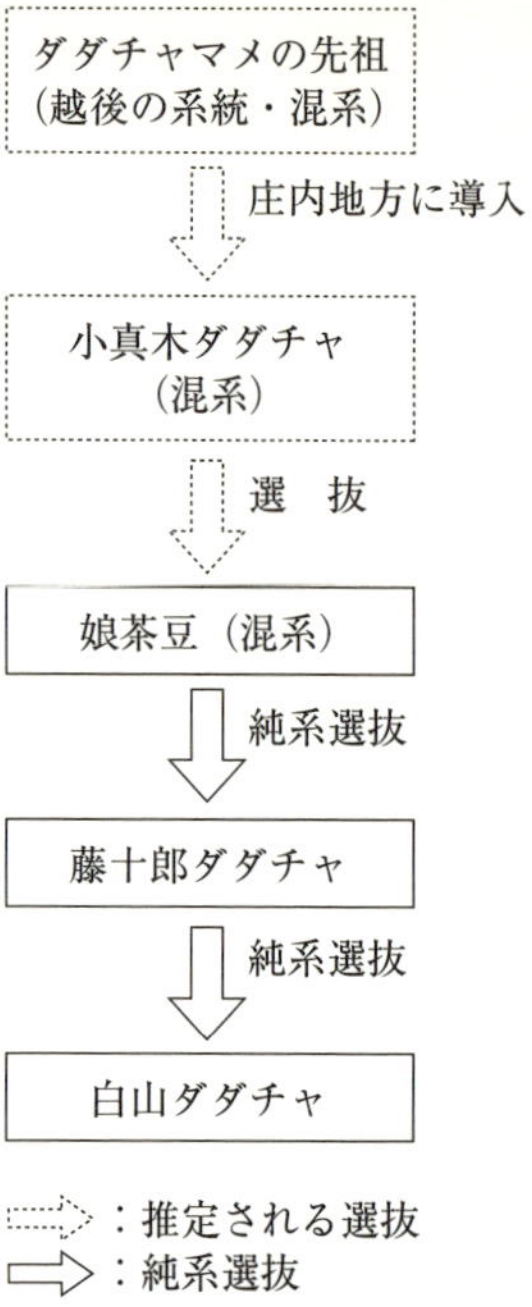

図5　白山ダダチャ育成までの経過（推定）

の美味芳香を追求した初と同集落の女性達の努力により現在の銘柄の基が築かれた」と記してある。

荘内日報論説委員である松木正利氏の『森屋初と「藤十郎だだちゃ」』によると、娘茶豆は長女の嫁ぎ先である寺田地区の小池家からもたらされた。この娘茶豆は、江戸時代の庄内藩主である酒井の殿様が好んだといわれる「小真木だだちゃ豆」系統であったと考えられている。ただし、現在の「小真木ダダチャ」は早生系統で、当時の「小真木ダダチャ」はより遺伝的多様性をもつ集団であったと考えられている。小真木地区のある親父さんがつくっていたエダマメの系統だったことから、地名を付けて呼ばれたと考えられる。藤十郎ダダチャは森屋初が純系選抜

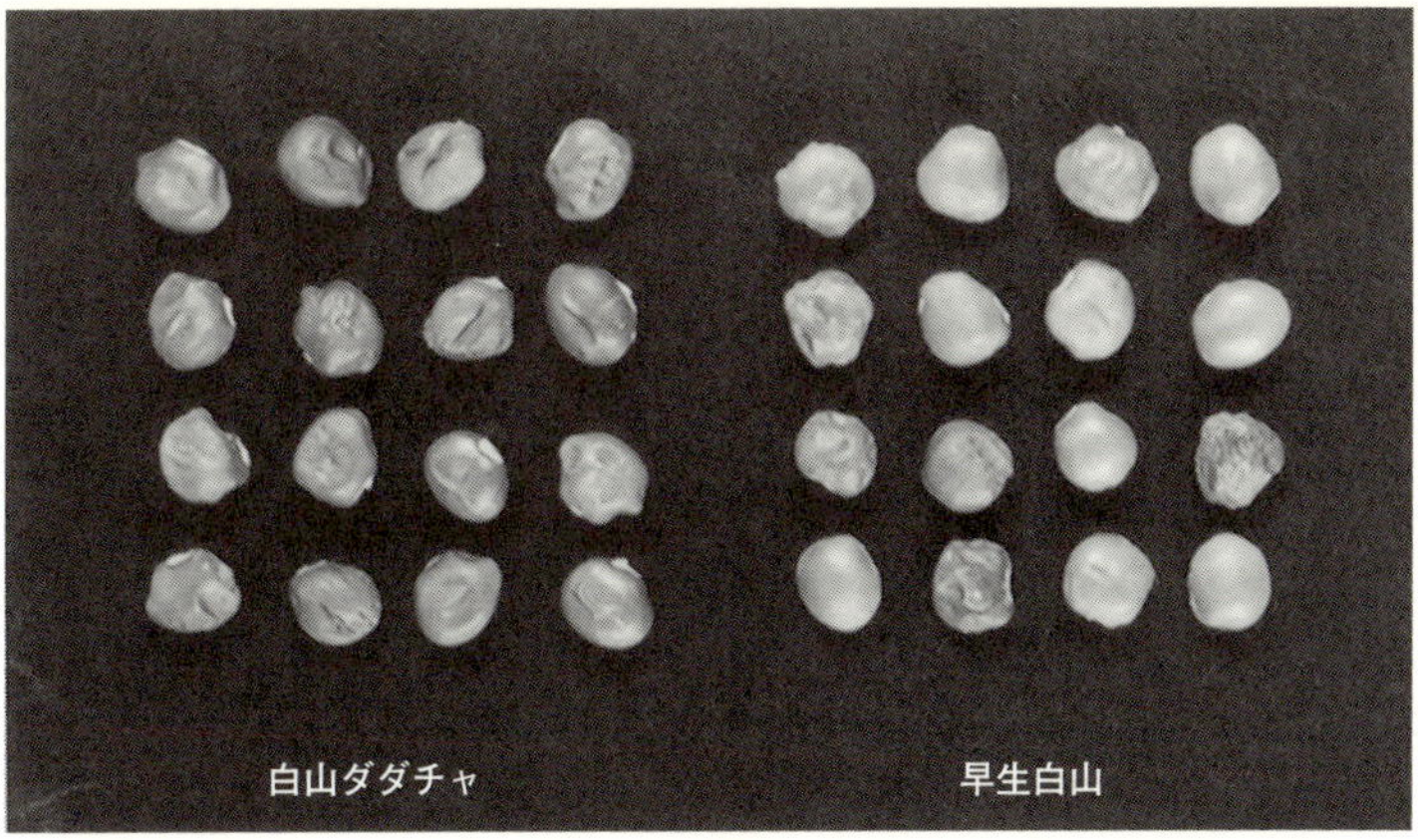

図6　ダダチャマメ系品種の粒形質
白山ダダチャは全粒が皺，早生白山は約60％

法によって育種したと考えられる。しかし藤十郎ダダチャも遺伝的に固定した系統ではなく、変異を包含していた。白山ダダチャは、この藤十郎ダダチャより選抜育種された。

ダダチャマメ系統の種子は、農家で自家採種が継続的に行なわれ維持されてきた。ダダチャマメの系統はもともと変異を包含していたと考えられ、遺伝的特性が一部変化し品種分化が起こっている。その一例が白山ダダチャからの早生白山の分化であり、甘露からの早生甘露および晩生甘露の分化である。

(2) 種皮に皺のある品種を選抜

白山ダダチャの基になる藤十郎ダダチャを選抜した森屋初は皺粒を残し続けたという。皺の種子は、皺のない丸い種子より発芽率が劣る。しかしそれでもなお、皺の種子を選抜し続けたところにダダチャマメのおいしさの秘密がある。皺の種子は丸い種子の突然変異と考えられ、デンプンをほとんど含まず、糖を多く含むからである。その結果、甘いエダマメの系統を選抜育種できたのである。

森屋初さんが藤十郎ダダチャを選抜して以降、白山地区の農家では、とくに農家のお母さんたちがおいしいエダマメは皺のあるマメということで代々皺粒を選抜し、高糖含量の品種である白山ダダチャを確立した（図6）。とはいえ、当時、水稲単作地帯の庄内の農家では、男性がイナ作を、女性が畑仕事を中心に行ない、ダダチャマメの栽培も産地として確立したものではなかった。一九七五年頃までは白山地区の農家もダダチャマメを細々と栽培し、消費も地場に限られていた。しかしこの間も、農家のお母さんたちは、特性の少しずつ異なる系統を所持し、味のよいダダチャマメの選抜を競い、種子を交換しあってきたという。このようにして、農家のお母さんたちは、営々として甘いエダマメ品種を育て、守り、今日に伝えてきたのである。

(3) まだ進化し続けるおいしさ

エダマメのおいしさは、糖や遊離アミノ酸など成分含量によって決まるが、その成分含量は品種の特性と栽培技術によって決まる。ダダチャマメ系統の品種はいずれもみなおいしいが、そのなかでも群を抜く白山ダダチャは糖や遊離アミノ酸が双方ともに多い。これはその品種の特性である。しかしこの成分含量は栽培法によっても変わってくる。標準のダダチャマメの栽培ではチッソ肥料は元肥で四〜六kgを施すが、多すぎると糖含量は低下する。また肥料では、リン酸、カリ、マグネシウムおよびカルシウムが良食味ダダチャマメの生産にとって重要である。現在、鶴岡の多くの農家はおいしいダダチャマメを生産するために、栽培法にもこだわっている。また有機質肥料を中心に減農薬・減化学肥料の特別栽培も行なっており、それらを「特別栽培だだちゃ豆」として出荷している。

さらなる品種改良と栽培の努力とによって、ダダチャマメはこれからもまだおいしくなる可能性を秘めている。

(4) 甘くておいしい大粒品種をつくる

ダダチャマメ系統の品種のうち、白山ダダチャはたしかに良食味で申し分のない品種であるが、中粒であり、もっと大粒の良食味品種の育成が望まれている。そこで、山形大学農学部の著者の研究室では、白山ダダチャにガンマ線を照射して、農業形質がよく大粒で高糖の形質をもつ系統の選抜を続け、五年目にしてほぼ狙いどおりの新ダダチャマメ品種を育成した。詳しくは後述するが、この系統は、原品種の白山ダダチャより約二〇％大きく、草丈や主茎長は約一〇cm長く、またスクロースなど糖含量は原品種と変わらない。この系統は現在、品種登録申請中であり、これから新しいダダチャマメ品種として普及していくことを願っている。

4　田んぼの力を活かせる

図7　水田から転換したエダマメ畑（5葉期の中耕・培土後）

山形県鶴岡市を中心とする庄内地方でのエダマメ生産は田畑輪換栽培が主流である（図7）。一九八〇年頃から農家はコメ余りにより減反を余儀なくされたが、鶴岡では土地改良により水田の排水対策を講じ、エダマメを転作として栽培できるようにした。水田からの転換畑では播種時に根粒菌の接種が不可欠であるが、多くのメリットがある。

まず第一に、水田から畑への転換によって地力チッソが有効化してくる（乾土効果）。また、水田作のときの灌水によって微量のミネラルが補給される。チッソ、リン酸、カリの三要素にマグネシウムとカルシウムを補うことにより健全なエダマメ用ダイスが生産できる。第二に水田転換畑では雑草が少ない。とくに七月に入ると雑草の生育が旺盛になるが、二週に一度の中耕・培土と七月に一回の除草剤散布で雑草は防除できる。第三に、適度な土壌水分を保持できるので特別に灌水をする必要がない利点がある。

図8　2007年6月の豪雨で冠水した水田転換畑

写真はJA鶴岡，菅原充氏より提供。

ただし、転作一年目では明渠や弾丸暗渠を施したうえで、定植前に耕耘を三回行ない、砕土を十分にし、畑土に近い状態にする。さらに播種時には根粒菌を接種する。定植後、初期生育が劣ることがあるが、生育の後期の開花期頃になると草丈や分枝数においてほとんど差がなくなる。水田から転換の二年目は、根粒菌の接種の必要はなく、生育も普通畑よりよく、収量も一〇aあたり莢重で五〇〇kgを見込める。

しかし水田転換畑でも、三年以上連作すると、生育が劣るようになる。水田から畑地に転換し施肥など栽培条件が同じ場合、初年度と二年目は単位面積あたり莢重は変わらないが、三年目は九〇～九五％とやや劣るようになり、四年目では九〇％以下に低下する。これは生育が劣るようになるばかりでなく、立枯病などの病害やダイズシストセンチュウの害が増加し、また畑地雑草が繁茂して害虫も多くなるためと考えられる。三年以上の連作は避けるのが望ましい。

また水田転換畑では排水対策が重要である。定植後、水が圃場に一週間以上滞水すると根粒の着生が悪くなり、生育が極端に劣るようになる。転換畑では周囲に明渠を施し、弾丸暗渠を行なうことが重要である。しかし、これらの排水対策を行なっていても、集中豪雨や小河川の氾濫で冠水する場合がある（図８）。冠水するとくに下位部の着莢が悪くなり、また不完全な莢が多くなるので、商品莢率は極端に低下する。冠水したら排水に努め、病害虫の防除をていねいに行なう必要がある。

5　今後の消費・流通の動向

(1) 茶マメの需要はこれからも増える

日本で消費されるエダマメは約一四万ｔ、そのうち半数以上が、東南アジア諸国から主に冷凍エダマメとして輸入されている。国内での生産は約五万ｔ程度である。生産の第一位は千葉県の約一万ｔ、山形県は第二位で約七〇〇〇ｔを生産している。このうちダダチャマメは茶マメブームと相まって近年急速に生産量を増し、二〇〇六年は鶴岡市だけで六四〇ha作付けられ、約二〇〇〇tを出荷した。さらに二〇〇七年は八五〇haに栽培面積が伸びている。このようにダダチャマメの生産が増加傾向にあるのは、ブランド化とともにその味が消費者に受け入れられ、好まれるようになったためであろう。この勢いは今後も続くのではないかと見ている。

また、農家の販売方法も多様化し、産直による販売のほか、消費者からの注文による直送もここのところ全体の約三割以上を占めるなど増加してきている。JAや青果市場を通じての販売は全体の七割以下である。

(2) JA鶴岡の取り組み

ダダチャマメは明治以来、細々と鶴岡市を中心に近隣の市町村で栽培されてきた。しかし平成に入ると栽培面積や生産額が年々増加し、鶴岡市だけで二〇〇〇年に三二四ha、金額で一〇億円を初めて超えた。その後も増加の一途をたどり、二〇〇六年には六四〇ha、二〇億円を突破した。この増産の背景にはダダチャマメをブランド化し、そのおいしさを全国に届けようとする農家と、それをまとめるJA鶴岡の努力と戦略があった。

JA鶴岡は一九八六年に「茶毛枝豆専門部会」を立ち上げダダチャマメのおいしい特性をもつ一〇品種（庄内1号、甘露、早生白山、白山ダダチャ、庄内3号、庄内5号、尾浦、晩生甘露、平田および小真木ダダチャ）をダダチャマメと認定し、一九九七年に「だだちゃ豆」の商標使用権を獲得した。同年に、「鶴岡市だだちゃ豆生産者組織連絡協議会」が設置され、「だだちゃ豆」商標使用を上記の一〇品種のみとし、さらに旧鶴岡市の区域内の農地で生産したものに限定した。ダダチャマメの栽培では、約三二〇名の生産者が茶毛枝豆専門部会のもとで種子の確保（採種圃の設置）、栽培技術の向上および検査体制の確立に努めた。毎年十一月には茶毛枝豆専門部会やJAのメンバーばかりでなく、青果市場関係者や県や市の関係者を集めての「ダダチャマメ生産報告会」を開催し、その年の生産内容を総括するとともに、消費者の声を収集し生産の改善に役立てている。

最近では、エダマメ生産の全農家が山形県からエコファーマー認証を受け、減農薬で減化学肥料の「特別栽培だだちゃ豆」生産にも取り組み始めている。このような組織的で計画的な取り組みが、よりおいしいダダチャマメの生産を支えている。

第I章

ダダチャマメのおいしさの秘密

1　黄色味がかった二粒莢

現在栽培されている主なダダチャマメ系統は、一二品種ほどである。新潟県で栽培されている黒埼茶豆もダダチャマメ系統の品種である。表2に、その黒埼茶豆も含めてダダチャマメ系九品種の形態的特性を示した。多くのエダマメ品種は、胚軸の色および花色が紫色を示すが、白山ダダチャマメを中心として多くのダダチャマメ系統は胚軸が緑で、花色は白である。尾浦および庄内5号は胚軸および花色は紫である。また、すべての品種で莢の表面の毛茸は淡褐色を呈する。白山ダダチャや甘露などの品種は莢の子実と子実との間に特有のくびれを生じる（図9）。種皮色は収穫時期によって濃さは異なるが、褐色を呈する。多くのダダチャマメ系統の粒は扁楕円形であり、皺が寄るので不規則な形状を示す（口絵参照）。

表3には、生態的特性を示した。ダダチャマメ系品種は夏ダイズ型に属し、五月の上旬に播種すると七月上～中旬に開花し、八月上旬から下旬にかけてエダマメの収穫ができる。七月出荷のハウス栽培の場合や高温が続く年には、五～七日

形態的特性

種皮色	粒			
	子葉色	光沢	粒形	大小
褐	黄	中	扁楕円体	中
褐	黄	中	扁楕円体	中
褐	黄	中	楕円体	中
褐	黄	中	扁楕円体	中
褐	黄	中	扁楕円体	中
褐	**黄**	**中**	**扁楕円体**	**中**
褐	黄	中	扁楕円体	中
褐	黄	中	楕円体	中
褐	黄	中	楕円体	中

表2　ダダチャマメ系統の品種における

系統・品種名	胚軸の色	小葉の形	花色	毛茸			主茎長	主茎節数	分枝数	伸育型	熟莢色
				多少	形	色					
早生甘露	緑	円葉	白	中	直	褐	やや短	少	中	有限	褐
庄内1号	緑	円葉	白	中	直	褐	中	中	中	有限	褐
黒埼茶豆	緑	円葉	白	中	直	褐	やや短	中	中	有限	褐
甘露	緑	円葉	白	中	直	褐	中	中	中	有限	褐
早生白山	緑	円葉	白	中	直	褐	中	中	中	有限	褐
白山ダダチャ	**緑**	**円葉**	**白**	**中**	**直**	**褐**	**中**	**中**	**中**	**有限**	**褐**
庄内3号	緑	円葉	白	中	直	褐	中	中	中	有限	褐
庄内5号	紫	円葉	紫	中	直	褐	中	中	中	有限	褐
尾浦	紫	円葉	紫	中	直	褐	中	中	中	有限	褐

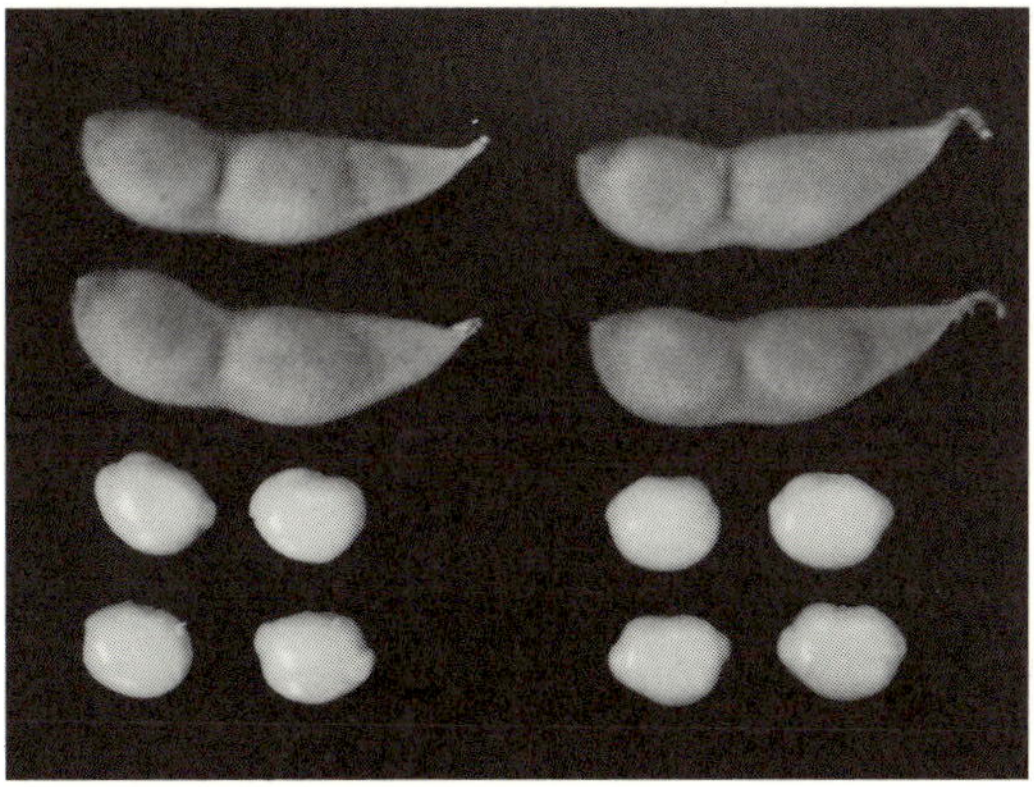

図9　典型的な白山ダダチャの二粒莢

子実間の深いくびれと，不規則な形状が特徴。

ほど早まる。倒伏抵抗性はいずれも中であるが、熟期が中の晩の品種で、とくに多肥栽培の場合に蔓化しやすく、倒伏することがある。病害では立枯病や赤カビ病がわずかに見られることがあるが、大きな問題にはならない。

表3　ダダチャマメ系統の品種における生態的特性

系統・品種名	開花期	成熟期	生態型	裂莢の難易	最下着莢節位高	倒伏抵抗性
早生甘露	早	早	夏ダイズ型	中	中	中
庄内1号	中の早	中の早	夏ダイズ型	中	中	中
黒埼茶豆	中の早	中の早	夏ダイズ型	中	中	中
甘露	中の早	中の早	夏ダイズ型	中	中	中
早生白山	中の早	中の早	夏ダイズ型	中	中	中
白山ダダチャ	**中**	**中**	**夏ダイズ型**	**中**	**中**	**中**
庄内3号	中	中	夏ダイズ型	中	中	中
庄内5号	中の晩	中の晩	夏ダイズ型	中	中	中
尾浦	中の晩	中の晩	夏ダイズ型	中	中	中

2　糖含量がダントツに多い

(1) 目立つスクロースの量

エダマメの糖を熱エタノールで還流抽出し、その糖組成と含量を高速液体クロマトグラフィーという装置を用いて分析すると、スクロース、グルコース、フルクトースおよびイノシトールの四種の糖が認められる。このうち圧倒的に多いのはスクロースで、全糖の八〇～八五％を占める。ほかのグルコースは三・九～九・〇％、フルクトースは五・八～九・七％、イノシトールは三・九～七・七％で、スクロース以外の糖はいずれも一〇％以下である。エダマメ子葉中の全糖含量の品種間差異を図10に示した。ダダチャマメ系統の六品種のうち三品種（白山ダダチャ、甘露、および庄内3号）は全糖含量が新鮮重一〇〇gあたり五〇〇〇mg以上と多く、ダダチ

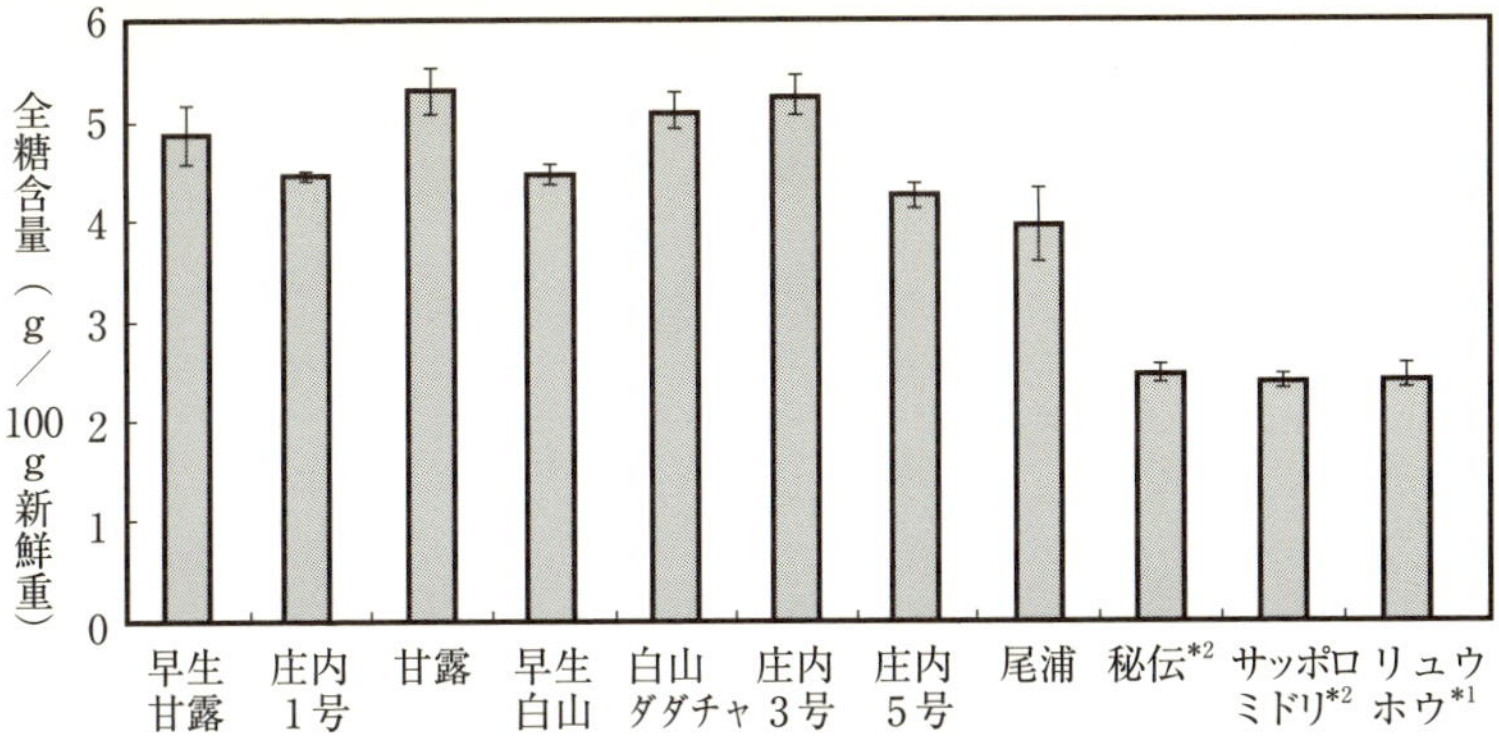

図10　ダダチャマメ系統品種の全糖含量の差（2005年データ）

注）*1 普通ダイズ品種。
*2 一般のエダマメ品種。

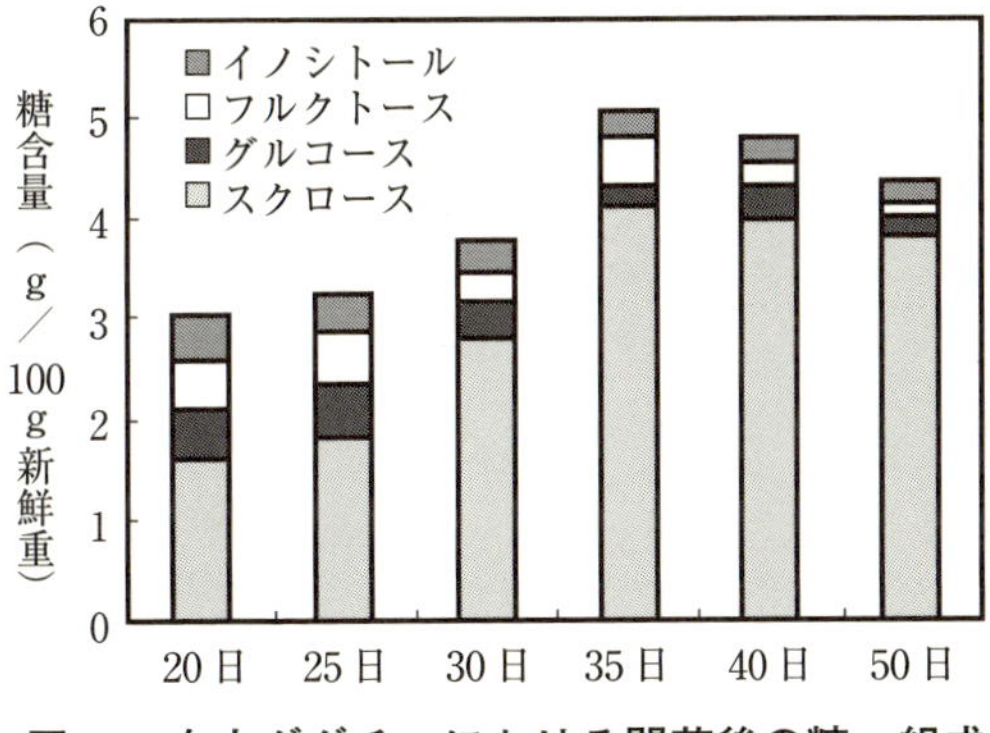

図11　白山ダダチャにおける開花後の糖・組成含量の変化

ャマメ系統内でも品種間差異が認められる。また、普通エダマメ用ダイズ品種は三〇〇〇mg以下であり、ダダチャマメ系統より明らかに劣る。

白山ダダチャの糖組成と含量の経時的変動を図11に

示した。全糖含量は開花三五日後に約五％に達するが、その後はゆるやかに低下する。このように、適期に収穫したエダマメは全糖含量が高いが、未熟すぎても、過熟でも低い。これは普通の夏ダイズ型エダマメ品種にも一般に認められることだが、ダダチャマメの高い糖含量を損なわないためには、適期収穫が重要である。

(2) 呈味性遊離アミノ酸も多い

遊離アミノ酸の組成と含量を調べてみると、図12のようになった。白山ダダチャは開花三五日後、普通ダイズ品種のスズユタカおよび普通エダマメ品種の秘伝は開花四五日後（エダマメとして食するに最適な時期）におけるエダマメ子実の遊離アミノ酸のクロマトグラムだが、エダマメの未熟子実（B、C）には普通ダイズ品種（A）に比べてもともと遊離アミノ酸が多い（高いピークが目立つ）。また、呈味性アミノ酸のうちエダマメに比較的多く含まれているのは、グルタミン酸（Glu）、アスパラギン（Asn）、アラニン（Ala）の三種で、これらで全遊離アミノ酸の約五〇％を占めている。このうちダダチャマメ系品種の白山ダダチャなどは甘みを呈するアラニンが多く、全遊離アミノ酸の約二〇％を占める。アラニンの多さが、その旨みを特徴づけているといえる。

では、ほかのエダマメ品種はどうなっているだろうか。図13に、ダダチャマメ系統六品種を含む山形県で栽培されているエダマメ品種の遊離アミノ酸含量を示した。全遊離アミノ酸含量が多かっ

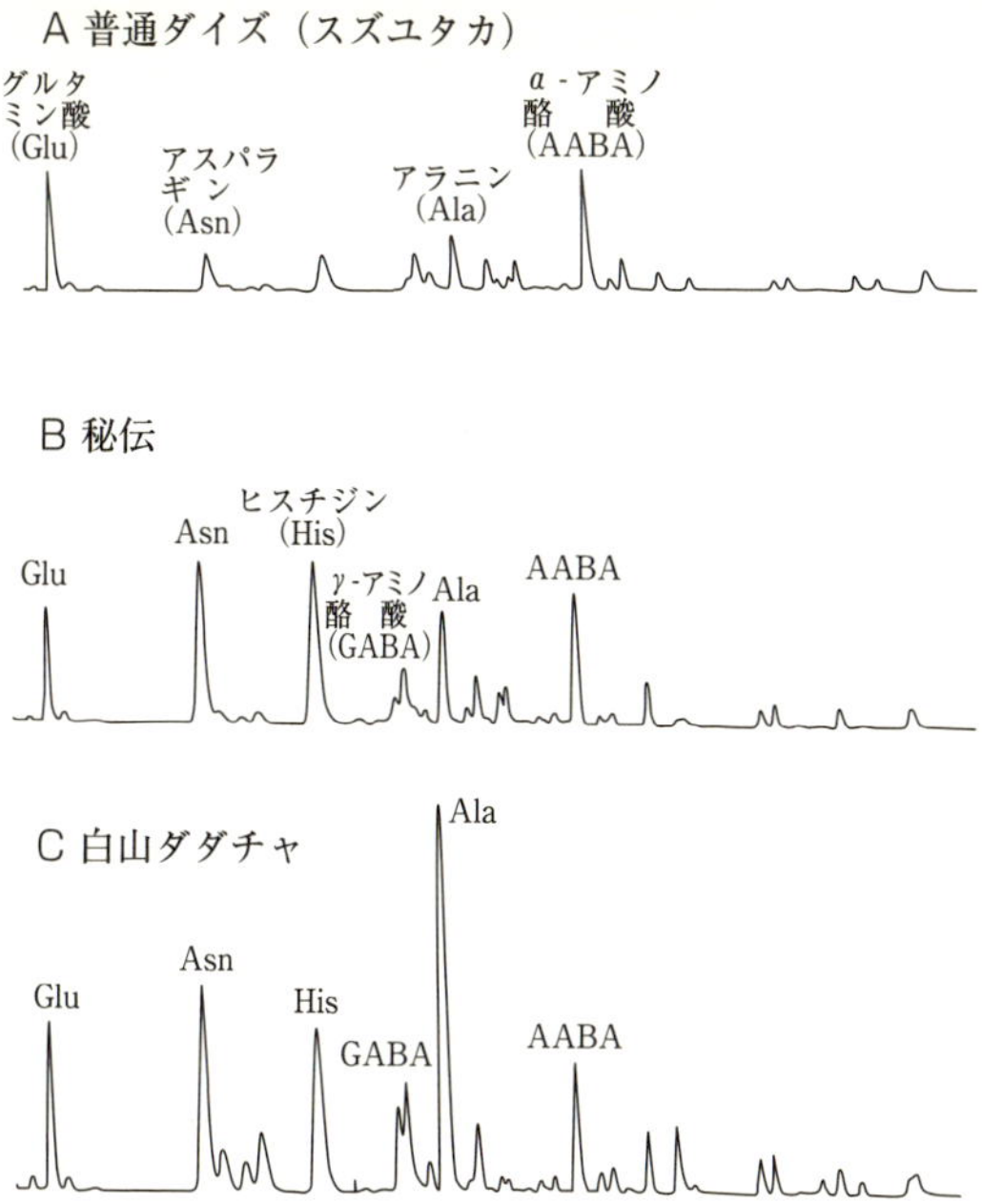

図12　エダマメ子実における遊離アミノ酸のクロマトグラム

白山ダダチャでは，アラニン（Ala）の多さがきわだつ。

たのは、白山ダダチャ、早生白山、尾浦、甘露およびサッポロミドリで、新鮮重一〇〇gあたり八〇〇mg以上含有していた。しかしエダマメ用品種でも秘伝は全遊離アミノ酸含量が新鮮重一〇〇gあたり六〇〇mg前後と少ない。白山ダダチャ系統の品種で目立つのはやはりアラニンで、一五〇〇～二〇〇〇mg程度含有し、すこぶる多い。なかでも白山ダダチャにアラニンの多いことがわかり、このことが白山ダダチャを特徴づけている。

この全遊離アミノ酸含量の

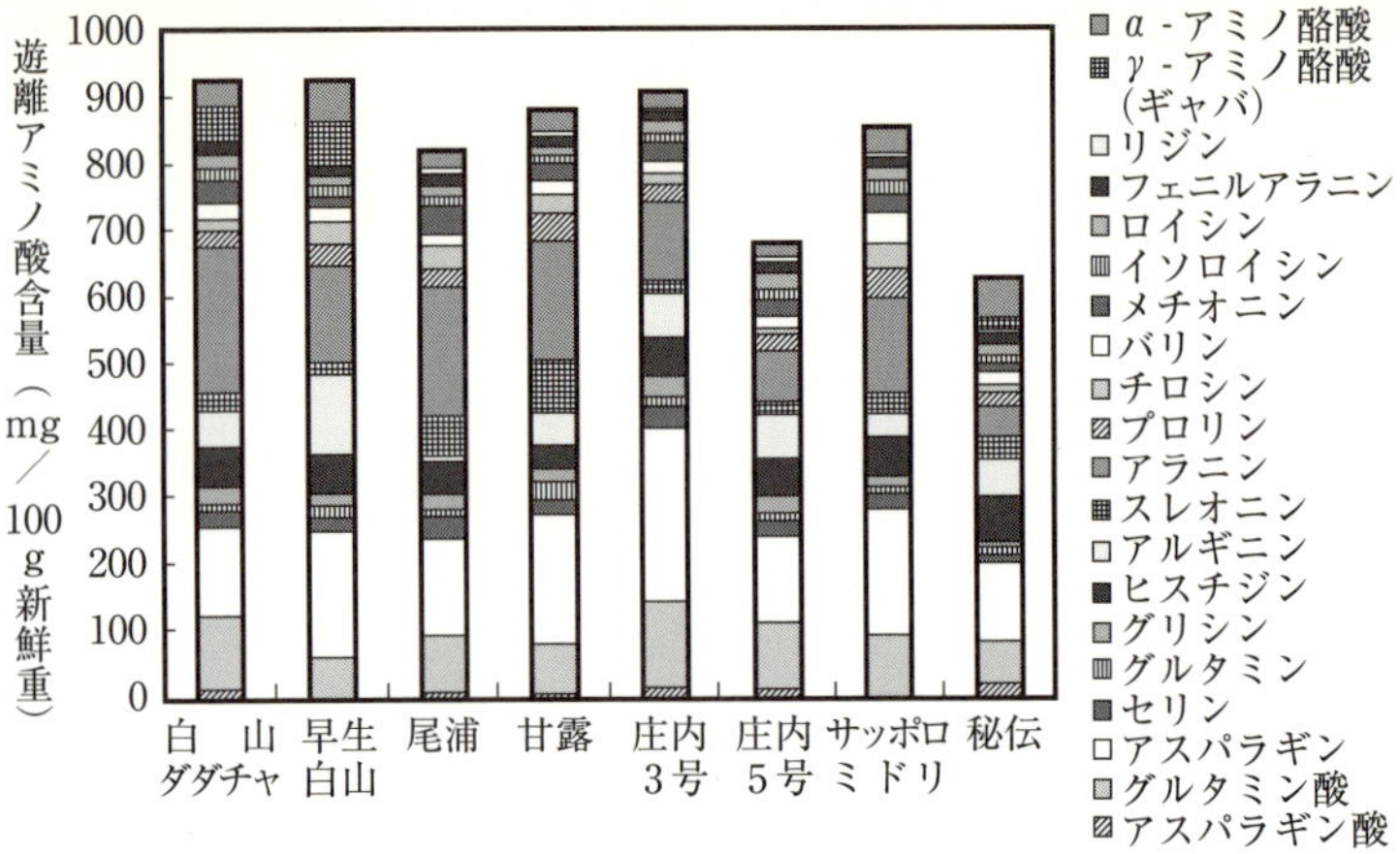

図13　山形県エダマメ品種の遊離アミノ酸含量品種間差異（2005年データ）

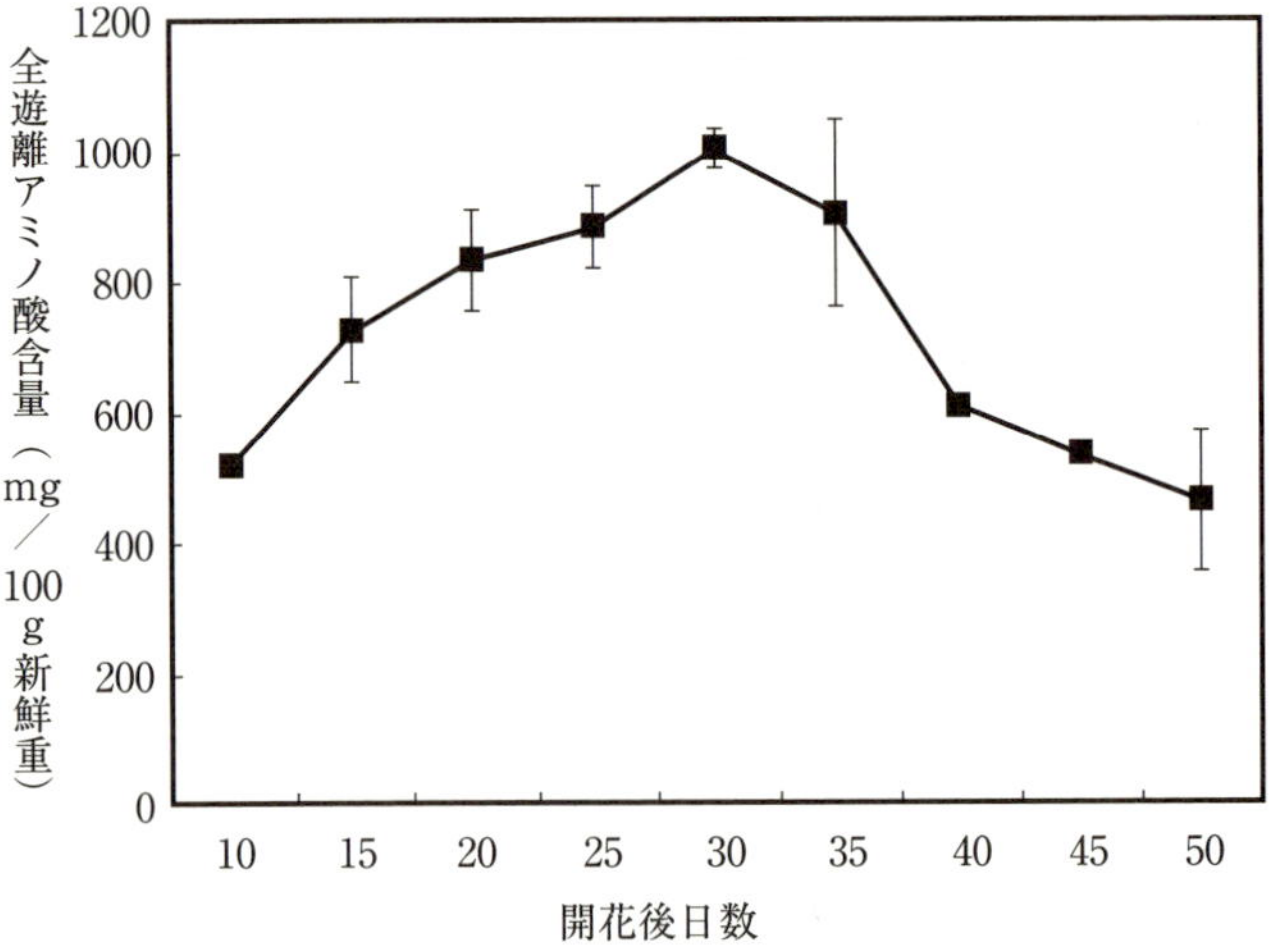

図14　白山ダダチャの子実中の全遊離アミノ酸含量の変化

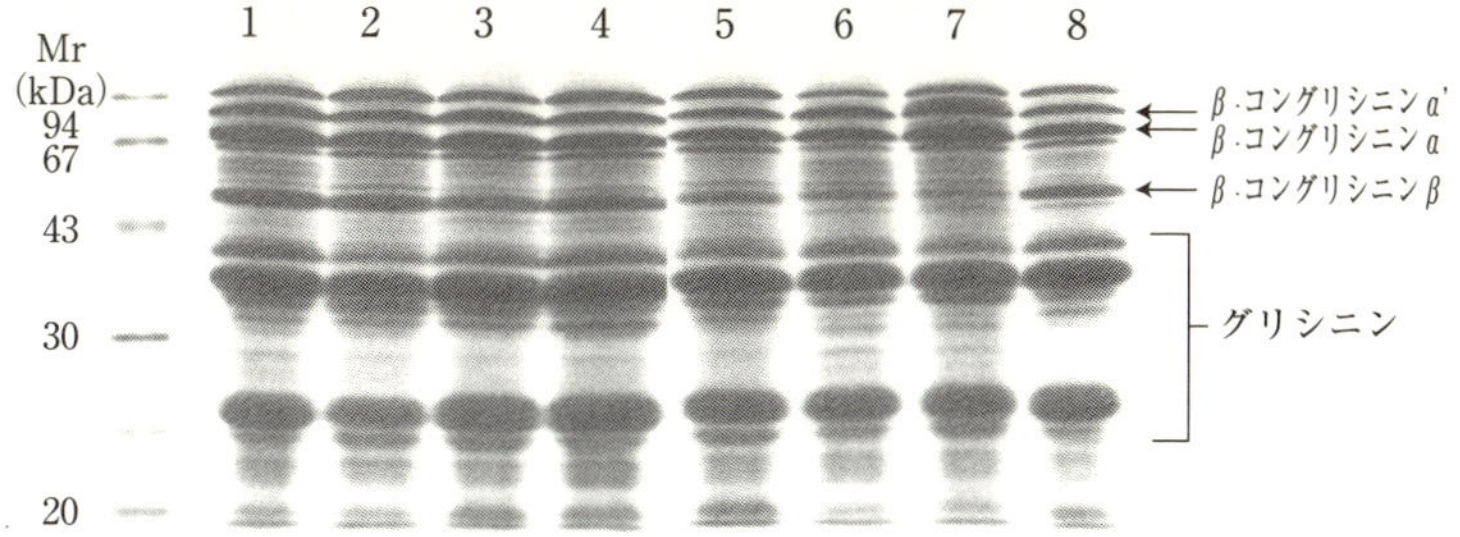

図15　普通ダイズおよびエダマメ品種におけるSDS-PAGEパターンの品種間差異

1：岩手2号，2：タマホマレ，3：ナカセンナリ，4：雪の下，5：サッポロミドリ，6：白山ダダチャ，7：一人娘，8：かほり

経時的変動を図14に示した。図11の全糖含量の変化と同様、全遊離アミノ酸含量も開花三〇～三五日後にもっとも多くなり、四〇日以降になると急速に低下する。こうした傾向は、早生から中生までの夏ダイズ型の品種に共通して認められるものである。子実収量は開花後四〇日の収穫で多くなるが、遊離アミノ酸含量は三五日以降急速に低下するので、収穫は開花後三五日が適当であるといえる。

(3) タンパク質組成もすぐれている

ダダチャマメ未熟子実のタンパク質含量は、ほかのエダマメと比較してやや少なく、一一・五%程度である。しかしながら、その組成は栄養価の面から見てきわめて望ましいものである。図15に、開花後三五日に収穫した未熟種子のタンパク質パターン品種間差異を示した。ちょっとわかりにくいかもしれないが、この図から、白山ダダチャの特徴が見てとれる。すなわち、岩手2号、タマホマレおよび

表4　エダマメの未熟と完熟種子のタンパク質の11S/7S比

品種名	
白山ダダチャ（未熟）	3.25 ± 0.5
白山ダダチャ（完熟）	2.86 ± 0.1
甘露（未熟）	3.01 ± 0.1
甘露（完熟）	2.68 ± 0.1
サッポロミドリ（未熟）	3.09 ± 0.1
サッポロミドリ（完熟）	2.20 ± 0.1
かほり（未熟）	3.02 ± 0.1
かほり（完熟）	1.94 ± 0.2
一人娘（未熟）	2.68 ± 0.1
一人娘（完熟）	2.44 ± 0.2
青平（未熟）	2.97 ± 0.2
青平（完熟）	1.72 ± 0.1
岩手2号（未熟）	1.96 ± 0.1
岩手2号（完熟）	1.63 ± 0.2
ナカセンナリ（未熟）	2.47 ± 0.1
ナカセンナリ（完熟）	1.87 ± 0.1

注）タンパク質の組成はSDS-PAGEによるゲルをデンシトメトリーにより分析し，各タンパク質ピークの積算値により定量したパーセントを示す。平均値±標準偏差（n＝2）。

ナカセンナリの普通ダイズ三品種のパターンはまったく同様だが、雪の下以下、エダマメダイズ五品種のパターンには、含硫アミノ酸の少ない7Sグロブリンのうちとくにβ-コングリシニンβ-サブユニットに量的な差異が認められる。すなわち、エダマメダイズ五品種のなかでも、雪の下やかほりのタンパク質パターンは普通ダイズ品種と同一であるのに対して、白山ダダチャでは、このβ-コングリシニンβ-サブユニットが量的にいくぶん少ないのである。このことをさらによく見たのが図16である。ごらんのように、白山ダダチャの種子のβ-サブユニットは普通ダイズ品種の岩手2号の約七〇％しかない。

表4に、この7Sグロブリンに対する11Sグロブリンの割合（11S／7S比）を示した。これは、グリシニンのβ-コングリシニンに対する割合を示し、含硫アミノ酸の指標になる。これを見てみると（表右端）、普通ダイズの岩手2号やナカセンナリの未熟子実が2前後であるのに対して、白山ダダチャや甘露は3以上となっており、必須アミノ酸のメチオニンなど含硫アミノ酸を多く含む11Sグ

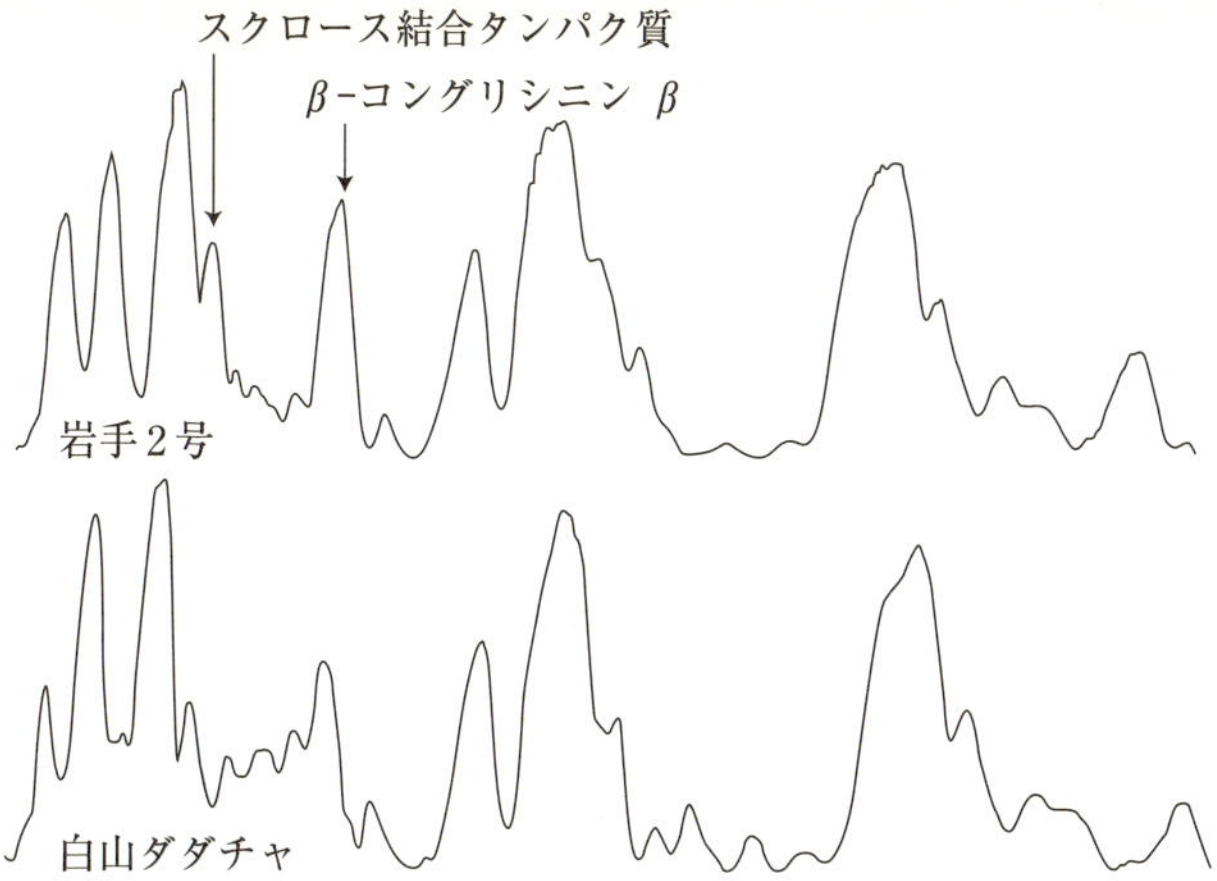

図16　白山ダダチャ子実は普通ダイズ（岩手2号）に比べて β-コングリシニンが少ない

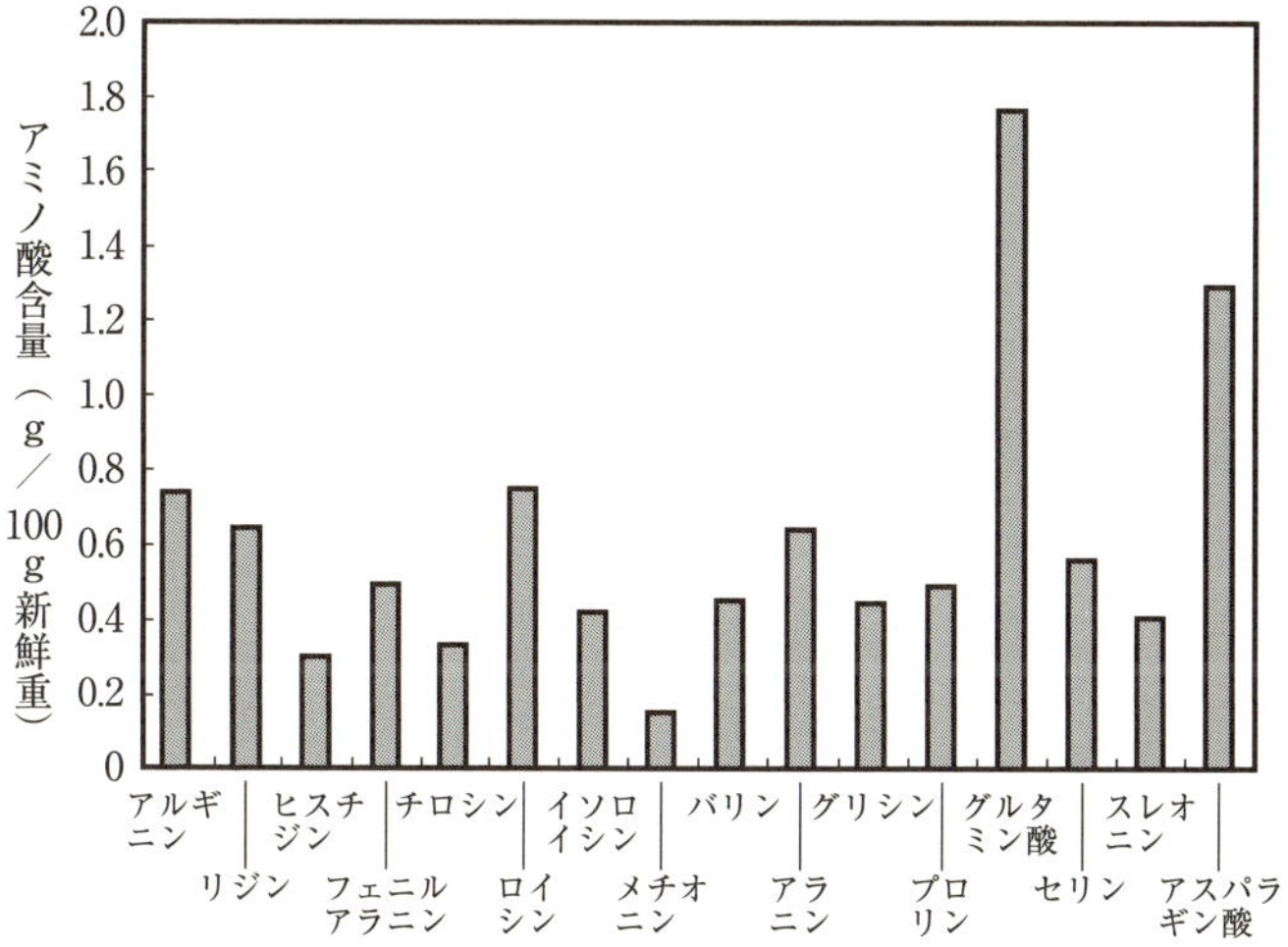

図17　白山ダダチャの未熟子実における加水分解アミノ酸含量

ロブリン（グリシニン）の割合が相対的に高いことを示している。ダイズでは含硫アミノ酸含量の少ないことがタンパク質の栄養価の観点で問題となるが、ダダチャマメ系統の白山ダダチャや甘露では逆にこれが多く、栄養的にもすぐれていることが示唆される。図17には白山ダダチャの加水分解アミノ酸の組成を示したが、ごらんのようにメチオニン含量は少なく、ほかの必須アミノ酸と比較してもっとも少ない制限アミノ酸になっているが、それでも約一・五％はあり、普通ダイズ品種より多くなっている。このことからもダダチャマメのタンパク質は栄養価の点からみて望ましいことがわかる。

3　香り、健康機能性も一級品

(1) 豊かな香り

採りたてのダダチャマメをゆでると、独特の香りが部屋の外までもれてくる。この香りの成分が2‐アセチル‐1‐ピロリンという物質である。この成分は、米を炊飯したときのよい香りと同じものである。エダマメにはこの成分は種皮に多く存在しているが、ダダチャマメ系統では、普通のエダマメと比較し、四〜五倍の2‐アセチル‐1‐ピロリンが含まれている。ただ、この物質は不安定で壊れやすく、収穫後に長時間室温で放置したり、フリーザーで保管した場合には減少し、香りもあまりしなくなる。このような香気成分を変化させずに貯蔵するには、沸騰水で三〇秒から二分くらい軽くゆで酸素を失活させてから、水気を切ってフリーザーに貯蔵するといい。

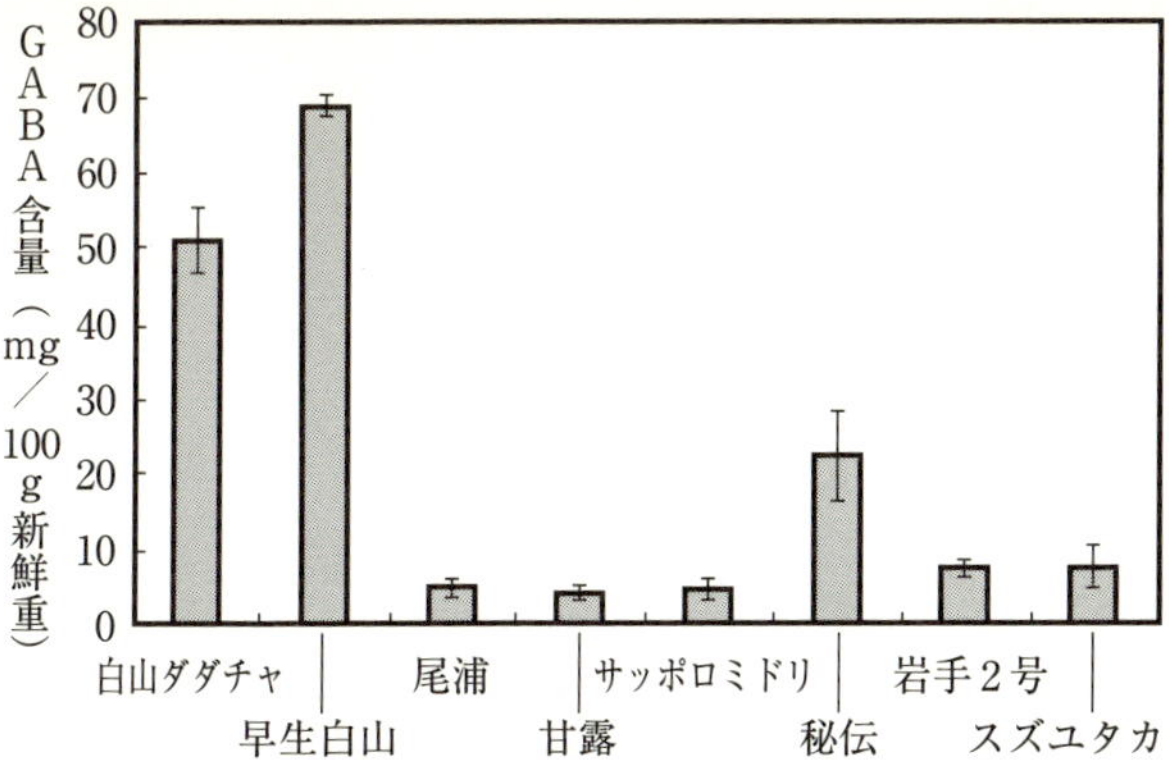

図18　エダマメ用ダイズにおけるGABA含量の品種間差異

⑵ ダダチャマメの成分と健康機能性

血圧を下げる効果など健康機能性成分として注目されているγ-アミノ酪酸（GABA）含量に着目してみると、GABA含量がとくに多かった品種は白山ダダチャと早生白山の二品種で、新鮮重一〇〇gあたり五〇㎎以上であった（図18）。この含有量は、乾物重あたりに換算すると発芽玄米より数倍多い値である。この二品種において全遊離アミノ酸量に対するGABA含量の割合は五〜六％を占める。

これまで報告された論文で、エダマメ子実のGABA含量を測定したデータは少ないが、筆者らの研究によってエダマメ用ダイズ未熟子実のGABA含量には品種間

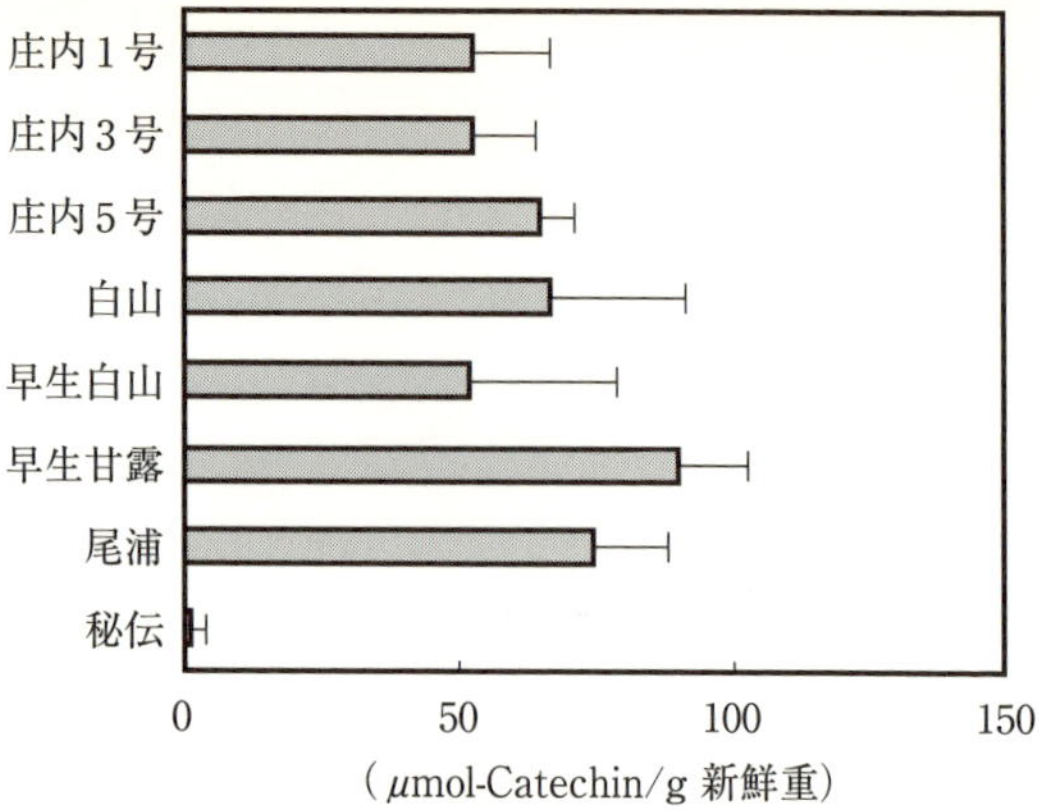

図19　ダダチャマメ種皮のプロアントシアニジン含量の品種間差異

九州沖縄農研センター機能性利用研究チームとの共同研究による。

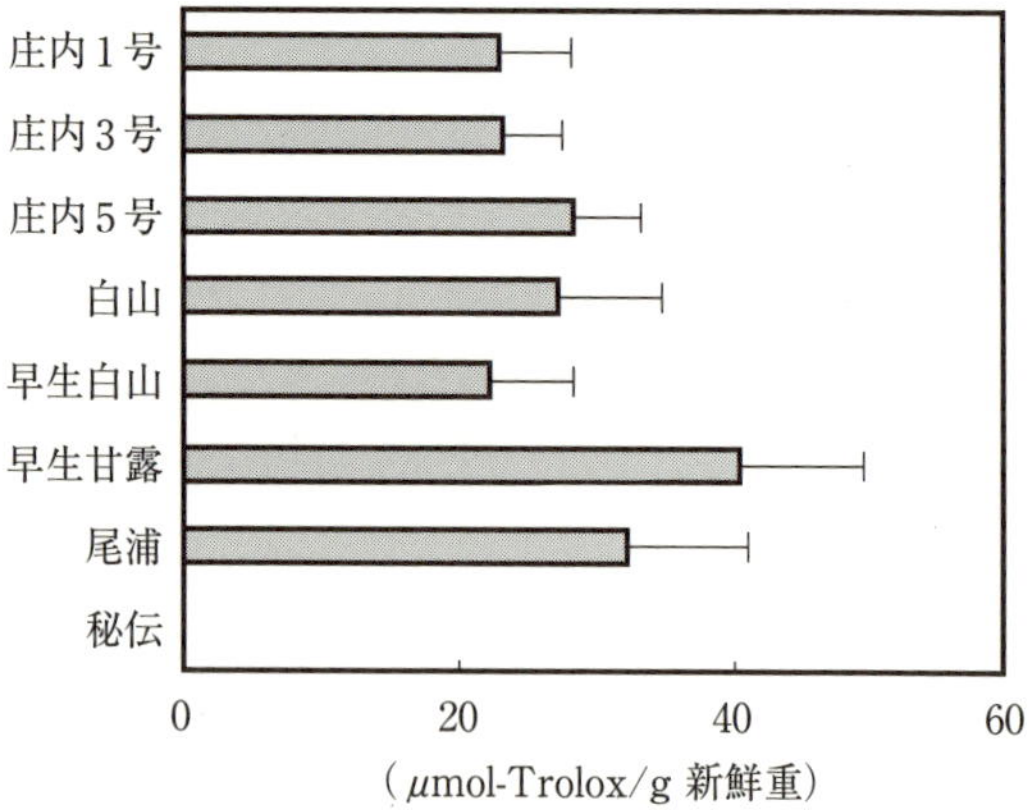

図20　ダダチャマメ種皮のDPPHラジカル消去活性

九州沖縄農研センター機能性利用研究チームとの共同研究による。

差異があり、白山ダダチャのように新鮮重一〇〇gあたり五〇mg以上のGABAを含む品種のあることが確かめられた。しかしこのGABA含量の多少が食味にどのように影響しているかは不明である。しかしながら、GABAは顕著な血圧降下作用があり、脳内においては抑制性の神経伝達物質である。さらに腎臓・肝臓機能の活性化、脳内血流の改善など健康機能性も知られている。

ダダチャマメにはこのGABAのほかにも抗酸化作用のあるプロアントシアニジンが多く含まれている。プロアントシアニジンはダダチャマメの種皮に含まれる。これはお茶などでよく知られるカテキンが重合したかたちになっており、数個重合したかたちが多いことが知られている。エダマメ未熟種皮のプロアントシアニジン含量の品種間差異を図19に示した。エダマメとして食べるときの未熟種皮のプロアントシアニジン含量は、新鮮重一gあたり五〇～一〇〇μMの範囲で含まれているが、エダマメ用ダイズでも一般の秘伝にはほとんど含まれていない。活性酸素除去の指標となるDPPHラジカル消去活性もダダチャマメの未熟種皮には完熟種皮の約八〇％を保っているが、普通エダマメ品種の秘伝には入っていない（図20）。このDPPHラジカル消去活性とプロアントシアニジン含量との相関はきわめて高く、プロアントシアニジン含量に比例して高まる（図21）。エダマメとして食べるのは未熟子実なので、ダダチャマメの種皮も一緒に食することに

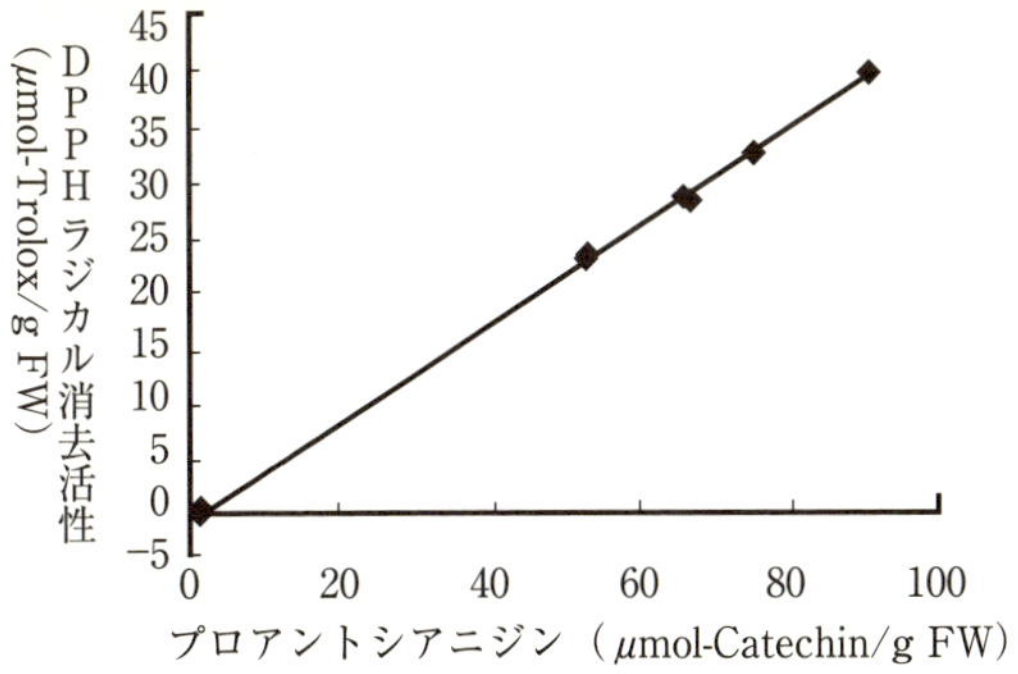

図21　プロアントシアニジン含量とDPPHラジカル消去活性との関係

九州沖縄農研センター機能性利用研究チームとの共同研究による。

より、活性酸素を除去する健康機能性が期待できる。これに加えて、一般のエダマメに含まれているビタミンC（アスコルビン酸）やβ-カロテンも多く含まれている。プロアントシアニジンの効果とあわせて、より多くの抗酸化作用があるとも考えられる。

4　おいしさ損なわない管理や調理が大事

(1) 多肥栽培をすると糖が減る

ダダチャマメの栽培では、元肥に土壌改良もかねてリン酸肥料を一〇kg以上施すほか、配合肥料をチッソ、リン酸、カリの成分でおのおの四〜五kg施し、また、カリとリン酸肥料は定植後の培土の際に追肥を行なう。合計でチッソが約六kg、リン酸が約二〇kg、カリが一〇kgになるようにする（表5）。元肥だけで追肥を行なわない場合は生育が貧弱になり、とくに莢数および一株莢重が減少する。開花期以前の追肥は生体重の増加および莢数の増加をもたらし、収量の向上につながる。ただし、開花期以降の追肥は、葉色が黄色で生育が貧弱である場合を除いて行なわないほうがよい。たとえば開花期に二回に分け、チッソ、リン酸、カリを合計で各四kg追肥した区では糖が約二〇%減少した（図22）。遊離アミノ酸は総量で約一・五倍増加するが、グルタミン酸やアラニンなどの呈

表5 ダダチャマメの施肥例 (kg/10a)

肥料名	元肥	追肥	成分		
			N	P_2O_5	K_2O
炭カル	80				
溶リン	30			6.00	
苦土重焼リン	20			7.00	
配合肥料（N，P，K各8％）	60		4.80	4.80	4.80
米ヌカ・油カス入り有機（N，P，K各2.5，5.5，2.0）		30	0.75	1.65	0.60
硫酸カリ		10			5.00
成分合計			5.55	19.45	10.40

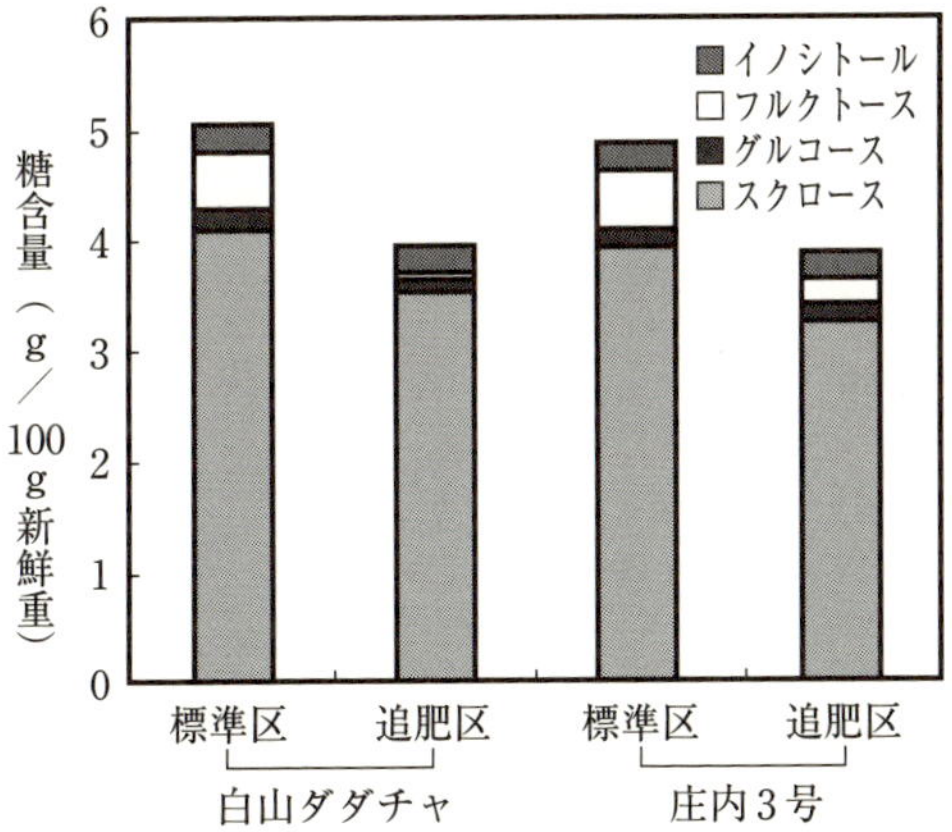

図22 施肥量による糖組成・含量の変化——多肥すると味がおちる

味性のアミノ酸は増加せず、アルギニンやヒスチジンが増加する。これらのアミノ酸は、食味にはいい影響を及ぼさない。さらに過度に追肥した場合は倒伏することがあるので、注意を要する。

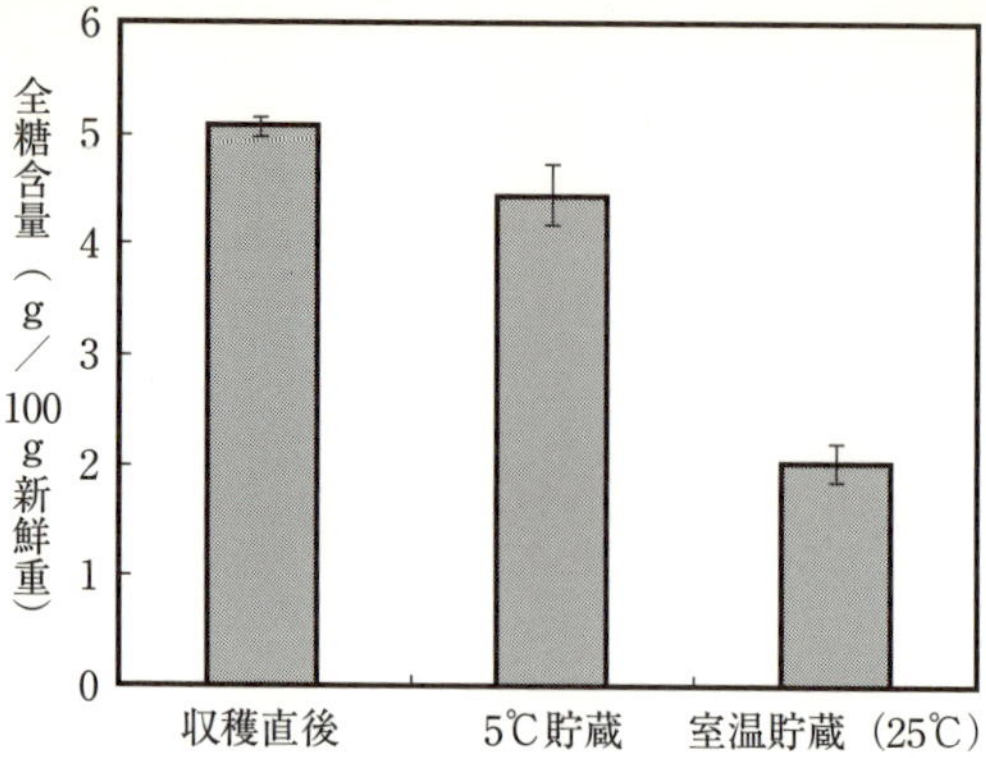

図23　エダマメ莢の4日間貯蔵による全糖含量の低下

(2) 収穫後貯蔵の温度に注意

ダダチャマメもほかのエダマメと同様、収穫後に常温で放置すると急速に糖や遊離アミノ酸含量が低下する。常温の二五℃と四℃とで比較すると、四℃で貯蔵した場合は四八時間後でも糖や遊離アミノ酸含量はほとんど変わらないのに対し、二五℃の貯蔵では遊離アミノ酸は一五％程度低下した。いっぽう、糖の低下は二四時間で約二〇％と急速で、四日後には半分以下になる。したがって、成分の低下を防ぐには、収穫後にすぐ冷蔵するのが望ましい。収穫してすぐ五℃で貯蔵した場合は四日後でも全糖は一五％程度の減少に抑えることができる（図23）。

ＪＡ鶴岡では、農家が生産してきたダダチャマメはただちに五℃の予冷庫に入れ、低温で出荷まで貯蔵し、品質の低下を防いでいる。

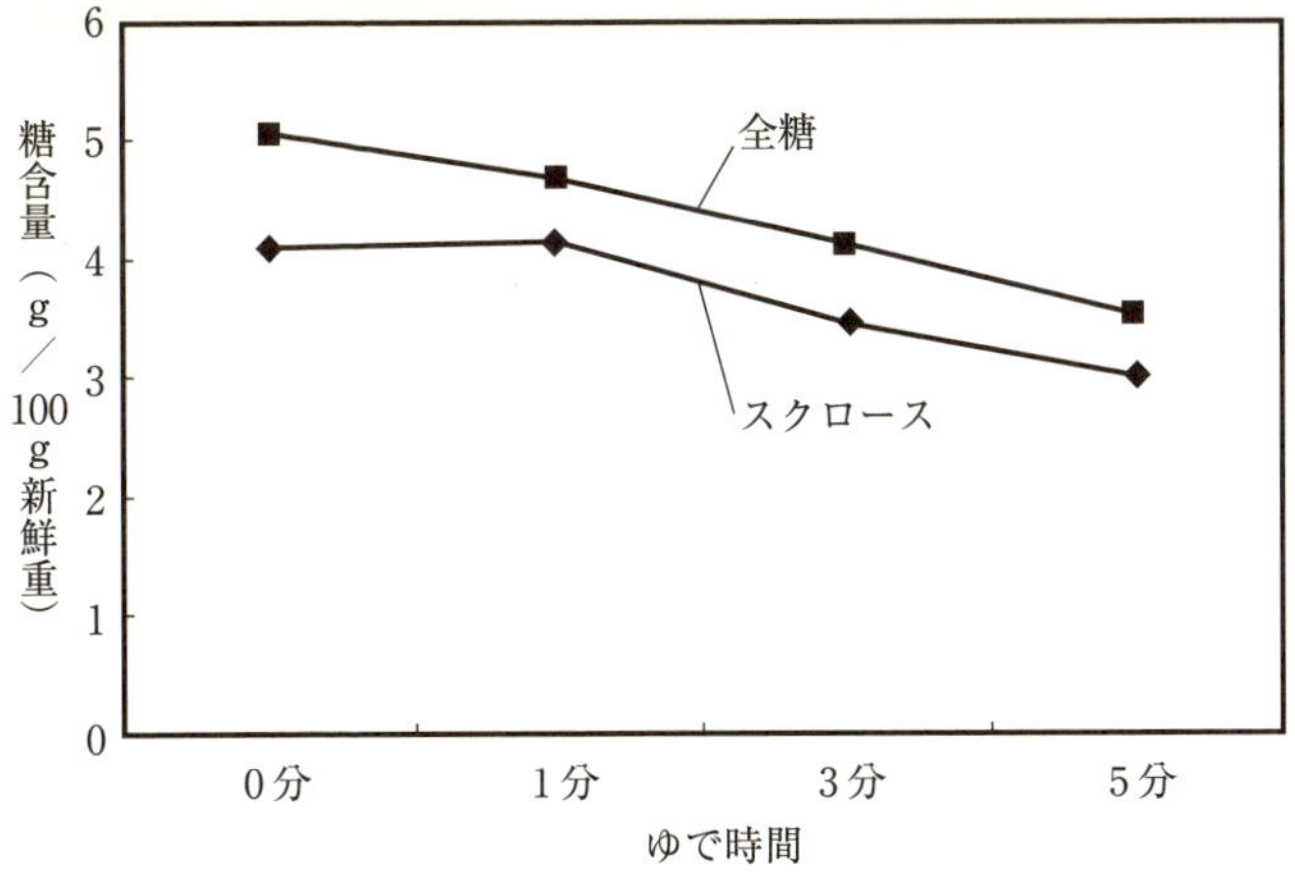

図24　ゆでる時間が長くなると糖含量が下がる

(3) ゆですぎは禁物

ダダチャマメをいただくときとくに注意すべき点はゆですぎないことである。ゆで時間は、莢をお湯に入れて再沸騰して三分が目安である。図24にゆで時間の長短による全糖含量の減少を示した。ゆで時間が三分の場合、全糖の減少は約一七％に抑えられるが、五分では約三〇％減少する。遊離アミノ酸の場合は減少幅がさらに大きく、三分で約二〇％が減少する。五分以上になると三〇％以上が減少し、莢の緑色も退色してくる。とにかくゆですぎないことが肝心なのである。

ゆでるには、まずエダマメを水にいれ手でゴシゴシこすって莢表面の茶毛を洗い流す。エダマメ重量の三倍以上のお湯を沸騰させてエダマメを入れ、再沸騰後三分ゆでる。ゆで上がったら素早くザルにあけ水気を切り、塩を適量ふりかけ扇風機などで冷やす。あらかじめ三〜四%の食塩水を整えて塩ゆでしてもよい。こうすると、成分の損失を最小限でくい止められ、香りと独特の甘み、旨みを味わうことができる。

第Ⅱ章

ダダチャマメ栽培の実際

1　水田転換畑との相性がよい

白山ダダチャの誕生した鶴岡市白山地区は、赤川水系の湯尻川に隣接している。湯尻川は過去にたびたび氾濫を起こし、砂壌土が堆積した。また湯尻川には湯田川温泉のお湯が流れ込むので、朝もやが立ち込める。このような土地で明治時代の後期に代表的な品種、白山ダダチャが生まれた。

ダダチャマメは庭先や田んぼのあぜに植えられた。家の近くの田んぼのあぜは管理しやすく、適度な水分が田んぼから供給されるのでその生育にも好適であったといえる。このように庄内地方のエダマメの栽培は、古くから水田作と関わりあって夏場の嗜好品として、またコメを一部補完するものとして発展してきた。

現在はＪＡ鶴岡の茶毛枝豆生産部会の農家のエダマメ畑のほとんどが水田転換畑である。一区画三〇ａに区画整理された転換畑で、区画ごとに品種や播種期を異にしたダダチャマメが植え付けられている。庄内地方では、この三年ごとのイネとエダマメとの輪作体系が確立している。前述したように、転換畑は一年目に根粒菌の接種が必要だが、畑と違い適度な土壌水分を保てて生育が安定し、また畑地よりも雑草の繁茂が少ない。さらに機械化がしやすいメリットもある。とくに乾土効果によって田んぼの有機物が分解し可給態となり、養分が吸われて開花期以降の生育が良好になるのが、一番大きなメリットかもしれない。収量も、白山ダダチャなど中生の品種で、一〇aあたり五〇〇kg（商品莢で三五〇〜四〇〇kg）が見込める。

2　水田条件を活かす良質多収のポイント

(1) 本畑の準備と施肥

転作一年目では耕耘を三回行ない、砕土を十分にし、明渠や弾丸暗渠を通して排水対策を十分に施す。三年以上の連作は避け、初年度には必ず根粒菌を接種する。連作障害を回避するために完熟堆肥や有機質肥料を施用するのが望ましい。とくに堆肥を投入した場合、五〜六葉期からの生育が良好となる。ただし、一〇aあたり二t以上投入すると、七月以降に肥効が強く現われ、過繁茂になって蔓化しやすい。また転作一年目は、乾田効果での地力チッソが七月以降に発現してくるので、元肥の施肥を三分の二程度にする。初期生育が劣ることがあるが、開花期頃になると追いついて、草丈や分枝数においてほとんど差がなくなる。初期生育が劣るからといって、五〜六月に追肥を多く与えると開花期頃から過繁茂・蔓化し、結局、収量や品質を低下させる。食味も劣るようになる。

(2) 品種の早晩性に注意

一般に栽培されているダダチャマメは、次の八品種、すなわち早生甘露《かんろ》、甘露、早生白山、白山ダダチャ、庄内3号、晩生甘露、尾浦および庄内5号である。

早生の早生甘露、中生の早の甘露および早生白山は播種や定植をいくぶん早めに行なう。播種は四月下旬、定植はその一四日後の五月上旬に行なう。中生の白山ダダチャや庄内3号は五月上旬に播種し、中旬に定植する。中生の晩の晩生甘露、尾浦および庄内5号は五月中旬から五月下旬に播種し、五月下旬から六月上旬にかけて定植する。東北地方でお盆から八月二十日にかけて収穫する場合は、白山ダダチャや庄内3号がお勧めである。

(3) 適期播種が大事

ダダチャマメ主要九品種の基本作型を、表6に示した。ダダチャマメ系統の品種は夏ダイズ型に属し、普通栽培では八月上旬から九月上旬にかけて収穫する。

それぞれの播種期は右で見たとおりだが、中生の晩の品種でも、六月上旬までには定植を完了するように播種を行なう。また大面積の場合は収穫期が重ならないように、同じ品種でも七～一〇日程度ずらしながら播種する。ただ、播種期が早すぎると蔓化しやすく、遅すぎると生育量が確保で

表6　ダダチャマメ9品種の基本作型

	品　種	播種時期	4月	5月	6月	7月	8月	9月
早生	早生甘露	4月中旬～5月上旬	播種	定植			収穫	
中生	庄内1号	4月下旬～5月上旬						
	甘露	4月下旬～5月上旬						
	早生白山	4月下旬～5月上旬						
	白山ダダチャ	5月上旬～5月中旬						
	庄内3号	5月上旬～5月中旬						
	晩生甘露	5月中旬～6月上旬						
	尾浦	5月中旬～6月上旬						
	庄内5号	5月中旬～6月上旬						

注）月日は，山形県を基準としている。

きず減収する。播種後、育苗期間は一四日程度で、一般にはビニールハウスで加温して行なう。なお、この基本的作型は山形県を基準にしている。

(4) 初期生育の確保

ダダチャマメの栽培で、良食味で収量をある程度確保するには、初期生育が重要である。そのためには、播種を適期に行ない健苗を育て定植すること、地力に応じた適切な施肥管理を行なうことである。そして開花までに培土器を用いて三度の中耕・培土を行なう。十分な初期生育を確保するためには、土づくりと適期播種が決め手となる。

(5) 雑草対策

田畑輪換畑では前にも述べたように、比較的雑草は少ない。しかし、中耕・培土だけでは雑草を防ぎきれない場合がある。このような場合には、開花直前にもう一回中耕・培土を行ない、さらに一回除草剤を散布する。病害虫を発生させず、良品質のダダチャマメを生産するうえで雑草対策は大事である。

(6) 商品莢率の向上

収量が多く穫れても、商品莢率が低ければ収益は上がらない。通常、ダダチャマメは二粒莢と三粒莢を出荷し、一莢粒は出荷から外す。ダダチャマメ系統で一粒莢はだいたい一〇～一五%程度あり、これらは全莢収量から除かれる。また、品種によっては赤カビ病が発生し、さらに物理的傷害と考えられる莢汚損もある。これらを除くと、商品莢率は通常七〇～八〇%である。いかにしてこの商品莢率を向上させるかは、ダダチャマメ栽培の大きな課題となっている。そのために、適切な肥培管理により徒長や倒伏を起こさないようにし、病害虫防除をしっかり行ない、適期収穫に努め、赤カビ病による莢のダメージや莢汚損を少なくすることが大切である。

(7) 糖分を上げる肥培管理

また、たとえ収量が多くとれても品質・食味が悪かったら、市場で高く売れず、ダダチャマメのイメージを壊すことにもなる。食味でもっとも重要なのは甘みであり、エダマメ子実の糖含量が五％程度のものがおいしいダダチャマメである。開花前後にチッソ肥料を多用すると、収量は高まるが糖含量は低下する。施肥については、後に詳しく述べるが、元肥にリン酸肥料が不足しないよう十分に施し、開花前後のチッソの追肥が過剰にならないように注意する。

3　栽培の実際

(1) 品種の選定と種子の入手

主に栽培されているダダチャマメ系品種は、二七ページの表2および二八ページの表3に示したように、おのおの異なった特性を示す。五月上旬に播種した場合、早生系の早生甘露、甘露および庄内1号は六月下旬の開花で、八月上旬の収穫であり、早生白山は七月上旬の開花で八月上～中旬の収穫である。中心品種の白山ダダチャや庄内3号は七月上～中旬の開花で、お盆過ぎの八月中旬の収穫となる。また、尾浦、庄内5号および晩生甘露は八月末～九月上旬までの収穫である。一般的に早生～中生の品種の食味は良好であるが、晩生種は栽培のし方にもよるが劣ることがあるので注意を要する。さらに品種をみる際に重要なことは、おいしいダダチャマメの種子は種皮に皺が寄るということである。ダダチャマメでは皺粒のほうが丸粒より発芽率が劣る傾向にあるが、比較的大粒で皺がある種子は発芽率もよく、糖含量が多くなる。

なお、ダダチャマメの種子の購入は品種が限定される。白山ダダチャや甘露は門外不出とされ、残念だが外部の人が購入することはできない。しかしダダチャマメ系統のなかでは、庄内1号、3号、5号などの種子は入手できるので、これらを以下の種苗店を通じて購入するとよい。味は、庄内3号については白山ダダチャに比べて遜色なく、ほかの二品種もまずまずの味である。

●松柏《しょうはく》種苗：鶴岡市家中新町1―18（☎〇二三五―二二―〇五三七）

(2) 播種と育苗

●播　種

播種にあたっては種子の選別を念入りに行なう。ダダチャマメは完熟種子も糖が多いために登熟の過程でカビ粒が生じやすい。カビで汚染した粒は発芽しないので除く。また、割れ粒、裂皮粒、未熟粒なども除き、健全な粒を播種に用いる。ダダチャマメの場合、大粒で皺があり、充実した種子を播種することである。ダダチャマメ系品種の発芽率は約八〇％であるが、発芽試験をあらかじめ行ない、八〇％より低いようであれば、三〇分程度水に漬け、吸水させてから種子消毒を行なう。種子消毒は、播種時にはチウラム水和剤を少量の水でこねて種子の表面にまぶし、表面が乾燥して

図25　セルトレイへの播種（128穴トレイ）

から播種に供する。機械移植ができる農家ではセルトレイ（一二八穴）に播種する（図25）。

根粒菌（*Brady ryizobiumu elkanii*）は、新畑の場合または水田輪作の初年度には必ず接種する。転換畑一年目の場合、播種時に根粒菌を接種しないと根粒が着生せず、生育は極端に劣る。

根粒菌の接種には二つの方法がある。一つは根粒菌を種子に粉衣する方法である。種子五kgに対して根粒菌一袋（六七〇g）を混ぜ粉衣する。根粒菌は十勝農協連で製造販売しており、JAや園芸店で購入できる。もう一つの方法は、根粒菌入り培養土（例、Dr.豆太郎）を床土上に散布してから播種するやり方である。

床土は市販の園芸用床土（たとえば「園芸用V床土」）と山砂を一対一に調合して用いる。機械移植の場合には、専用のプラグセル苗用培土が推奨されている。セル一穴につき一～二粒を播き、種子厚の二～三倍の厚さ（約二cm）

になるように覆土する。手植えの場合は必ずしもセルトレイを使用しなくともよいが、床土に三〜四cm間隔で播種する。

大面積で栽培する場合は、一本植えで一〇aあたり約二〜二・五kg、二本植えの場合はその倍量の種子が必要である。一ha以上の大面積で栽培する農家では早生から中生の晩の品種まで一週間間隔で何回かに分けて播種する。播種し終わったら、水がセルトレイの下部にまで達するくらいに十分に灌水する。覆土が十分でない場合は根上がりすることがあるので注意する。

図26　初生葉（A）および本葉（B）の展開
A：播種2週後，初生葉が展開。
B：播種3週後，第1葉が展開。

●育　苗

発芽適温は二五〜二八℃なので育苗はハウス内で行なうのが一般的であるが、日当たりのよい場所では露地でも可能である。露地で育苗する場合、一五℃以下にならないように注意し、夜間はビニールで被覆する。穴あきポリを使用する場合は、日中でも外す必要がないが、高温による日焼けや徒長に注意して管理する。

図27　ダダチャマメの育苗（播種後3週目，初生葉が完全に展開している）

発芽を揃え、生育を促進するためにはセルトレイの下に適当な間隔で温床線を張り、温度を保つ。ただし、発芽後は日中の温度を二五℃以下に保ち高温にならないように注意する。育苗期間が短ければとくに肥料はいらないが、二週間以上育苗する場合は肥料を与える必要があり、育苗土一lあたりチッソ、リン酸、カリを各〇・二g（成分が各一〇％の化成肥料では二g）程度加える。

子葉が展開するまでは一日に一回、朝に灌水する。日中に乾燥が激しいようであれば、午後にも少なめに行なう。温度は昼温が二〇〜二五℃、夜温は一五〜二〇℃が望ましい。一〇〜一四日で子葉が展開し、二枚の初生葉が対生に出現する（図26A）。さらに、七日で本葉が出現してくる（図26B）。初生葉が出現してきたら、過乾燥にならないように朝夕の二回灌水する。

図27に播種後三週目で初生葉が完全に展開した苗箱を示す。

定植は、初生葉が完全に展開する播種後二週間あたりが適期である。手植えする場合は、播種後二〇日くらいで本葉第一葉が出始める時期でもよい。二〇日を過ぎると過繁茂になり、徒長してセルトレイから苗を取り出すときに根を傷めやすい。また、徒長苗になると定植時の活着やその後の生育もよくないので、適期定植に努める。

(3) 本畑の準備と施肥

水田との輪作体系では、作付け前に圃場の周りに明渠を掘る。弾丸暗渠も有効である。耕起は二回以上行ない、なるべく深く細かく土を砕く。この砕土はとくに水田からの転換一年目は重要である。砕土が不良だと根粒の着生が悪く、生育不良となる。

本畑の施肥にあたっては、正確には土壌分析をあらかじめ行ない、土壌の酸性度（pH）、土壌の団粒構造形成に重要な腐植量、塩基（カルシウム・苦土・カリなど）をかかえ込む大きさの指標である塩基置換容量、塩基飽和度、有効態リン酸量などの値を求め、個々の畑の土壌に合った施肥が望まれる。

ダダチャマメ栽培の施肥例を四一ページの表5に示した。一回目の耕起の際に、完熟堆肥を一〇aあたり五〇〇kg～一t、土壌改良材として炭カルを八〇kg、BM溶リンを三〇kg、苦土重焼リンを二〇kg程度施用する。土壌が酸性の場合、消石灰を散布し、pHを六・〇～六・五に保つ。二回目の耕起の際に元肥として配合肥料を施す。

元肥には肥効を長くもたせるために、速効性と緩効性をあわせもつ有機質肥料が適している。施肥量は、成分でチッソ、リン酸、カリとも一〇aあたり約五kgである。ただし、転換畑一年目は地力チッソの発現が大きいので、元肥のチッソ量を三分の二程度に抑える。何にせよ元肥の量が多かったり、堆肥を多く施したりすると、茎が徒長しやすく、蔓化しやすい。こうなると、株は倒伏しやすくなり、着莢と結実率が低下して、極端に収量が低下するので注意を要する。

(4) 定　植

初生葉が展開し始めたら根のよく発達した苗を定植する。定植の際には根から土を分離しないで、床土（培養土）がそっくり付いた状態で行ない、二枚の子葉が土で隠れない程度に土寄せする。

うね間は通常八〇～九〇cmとり、株間は一本植えの場合は二〇～二五cm、二本植えの場合は二五～三〇cmとする。うねは一〇cmくらいの高さに土を盛り上げてもよいが、盛り上げなくとも、その後の中耕・培土により最終的に約三〇cm高のうねとなる。エダマメ苗定植の模式図を図28、29に示す。定植し終わったら株元にたっぷりの水（二〇〇ml以上）を灌水する。

一本植えは二本植えの場合より単位面積あたり莢数が少ないが、商品莢率がよい。ただし、多肥

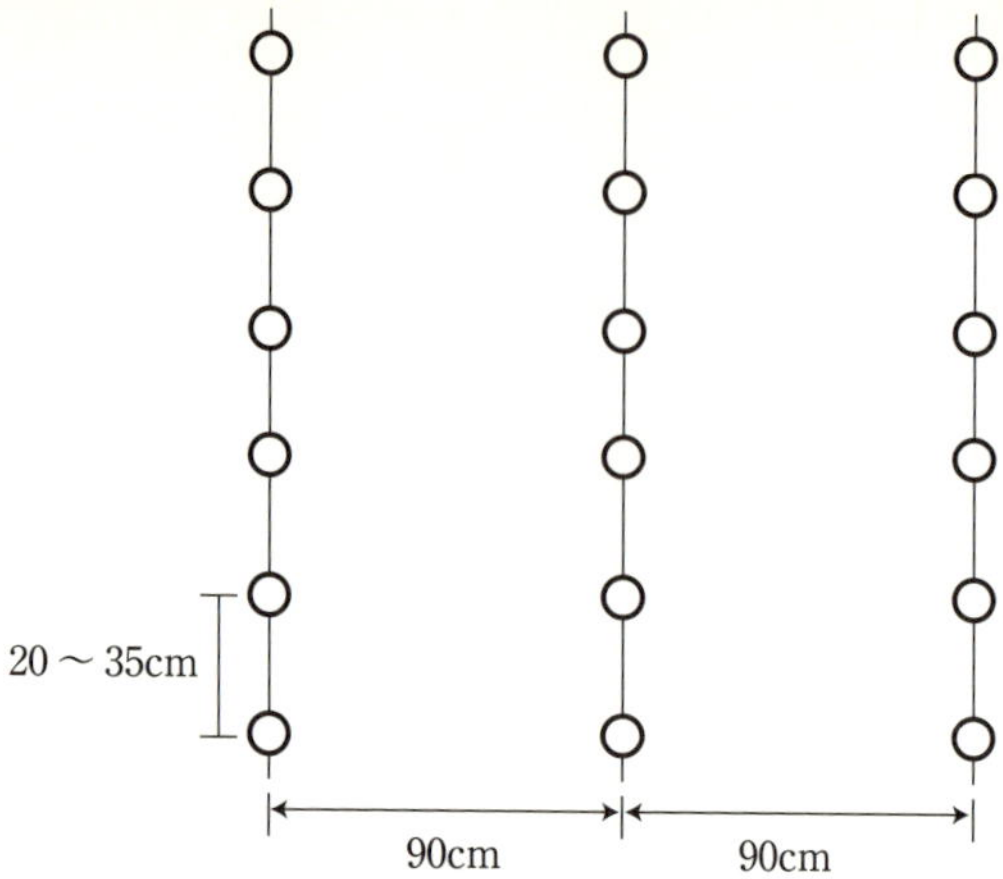

図 28　うねと株間のとり方

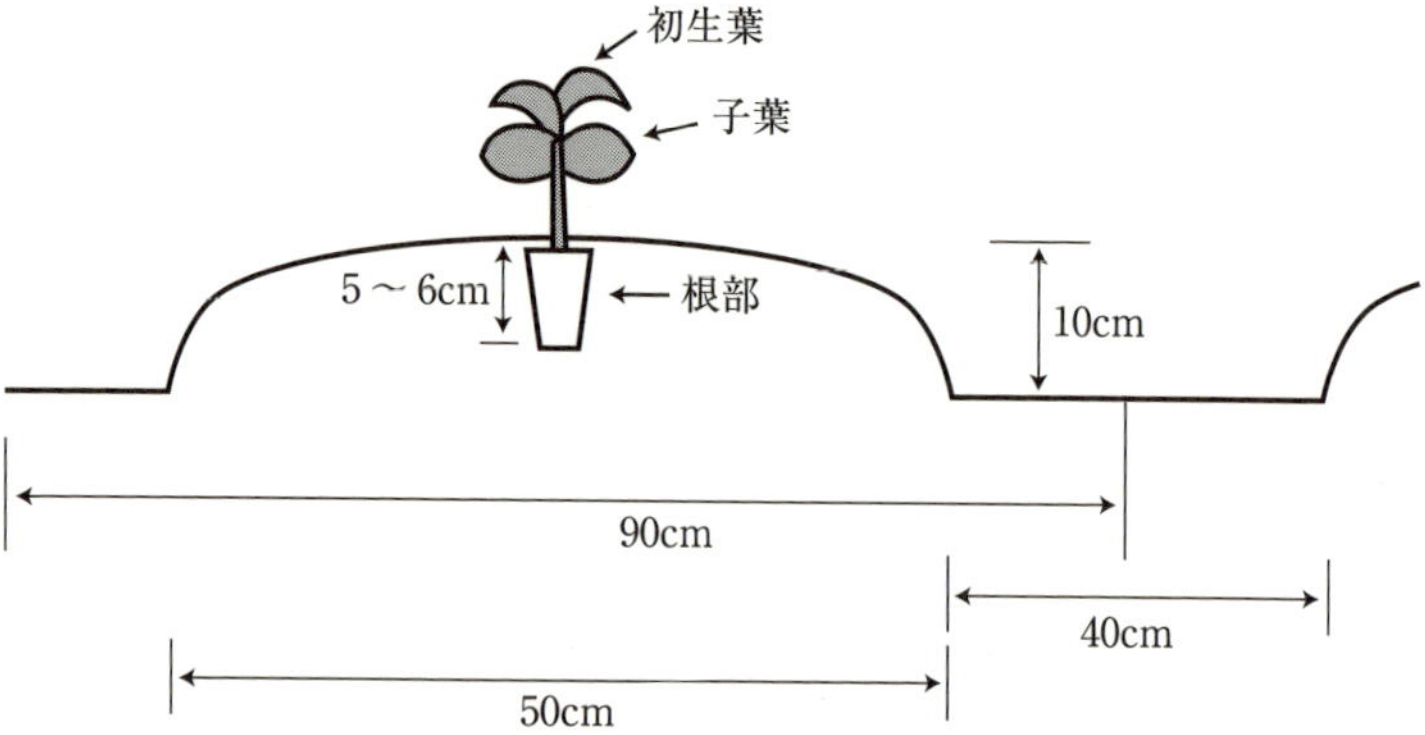

図 29　エダマメ定植の模式図

図30　定植7～10日後の本葉展開

になると倒伏しやすい。二本植えした場合は、単位面積あたりの莢数は多くなるが、商品莢率が劣る傾向がある。機械定植の場合は、苗がスムーズに落下するように一本植えとする。栽植密度は一本植えの場合、一〇aあたり三七〇〇～五五〇〇本となる。

定植後に初生葉が発達してくるのを確かめる。

(5) 定植後の管理

初生葉が完全に展開し、本葉の第一葉が出始めたら（図30）、米ヌカや油カスを含む有機質肥料（チッソ二・五％、リン酸五・五％、カリ二・〇％）を一〇aあたり三〇kg株の周りに施し、中耕・培土を行なう。有機質肥料は速効ではないが、後期まで肥効が続き、根の発達を促し、生育を促進させる。

六月に入ると生育も進むが、第三葉期に除草も兼ねて二回目の中耕・培土を行ない、六月中～下旬の第五葉期に硫酸カリを一〇aあたり一〇kg追肥し、三回目の中耕・培土を行なう。

三回目の中耕を終えるとうねの高さは約三〇cmとなる。水田と

図31　開花直前，9葉期の白山ダダチャの株姿

図32　開花直前の株の根粒着生
左は少なく，右は多い。

の輪作の場合、高うねにすることで土壌の過湿を防ぎ、根張りをよくする効果がある。

定植四〇日になると、生育が順調であれば本葉七～八葉が展開してきているが、展開した葉の葉面積が小さく、生育が劣るようであれば、チッソ、リン酸、カリ三要素の入った肥料を成分量で一〇aあたり二kg程度追肥する。

定植四五日頃には八～九葉目が展開する。図

31に、開花直前の九葉期の白山ダダチャを示した。この時期に株を掘り上げると主根から分枝した支根が発達し、たくさんの根粒の付着が見られる（図32）。

ダダチャマメ系統の品種は夏ダイズに属するので、日長の影響は受けにくく、早生品種では本葉が八～九葉、中生品種で九～一〇葉、中生の晩では一一～一二葉が展開すると開花する。開花は高温の場合に早まり、七～八葉くらいで開花に至る場合があるが、十分な収量を得ることはできない。

また、生育期間中、とくに開花期から子実の肥大期にかけて土壌が乾燥しすぎると、収量や品質の低下をもたらすので、過乾燥にならないようにうね間が湿める程度の灌水をする。ただし、冠水状態になると、根の酸素欠乏を招き、萎ちょう病の原因となるので、帯水しない状態にとどめる。開花後二〇日で莢長および莢幅は完成する（図33）。

図33　開花20日後の莢肥大期

(6) 病害虫防除

水田との輪作の場合には、とくに初年度は病害虫は比較的少なく、無農薬でも

ダダチャマメの病害虫防除一覧（平成20年2月現在）

薬剤名	成分名	希釈倍率・使用量	摘　要
チウラム80粉剤	チウラム	5g/種子1kg	種子粉衣
カルホス粒剤	イソキサチオン	3～6kg/10a	土壌混和
オルトラン粒剤	アセフェート	3～6kg/10a	
アドマイヤー1粒剤	イミダクロプリド	3kg/10a	株元施用
ダニトロンフロアブル	フェンピロキシメート	1000倍	収穫7日前まで
アグロスリン乳剤	シペルミトリン	2000倍	
オルトラン水和剤	アセフェート	1000倍	
トレボン乳剤	エトフェンプロックス	1000倍	
モスピラン水和剤	クロロニコチル	2000倍	
マラソン乳剤	マラソン	2000倍	
ロブラール水和剤	イプロジオン	1000倍	収穫30日前まで
ゲッター水和剤	チオファネートメチル	1500倍	収穫前日まで
セイビアーフロアブル	フルジオキソニル	1000倍	収穫30日前まで

栽培が可能である。しかし、エダマメ畑に転換して二年目、三年目になると、立枯病や萎ちょう病などが発生しやすくなる。害虫では、育苗期間中から発育初期のネキリムシ、生育期間を通じてのフタスジヒメハムシ、開花前後のハスモンヨトウ、開花後にカメムシ、アブラムシおよびハダニが問題となることがある。

表7にダダチャマメの病害虫防除の例を示す。定植時にネキリムシやタネバエ防除のために殺虫剤を土壌混和することがある。生育期やアブラムシの発生が多い場合は粒剤を株元に施用する。子実肥大期にはフタスジヒメハムシやハスモンヨトウが発生することが

表7

時　期	病害虫名
播種時	苗立枯病
定植時	ネキリムシ
生育期〜子実肥大期	アブラムシ
	ハダニ類
	フタスジヒメハムシ
	ハスモンヨトウ
	カメムシ
	マメシンクイガ
	アブラムシ
	菌核病
	紫斑病
	灰カビ病・赤カビ病

ある。また病害では赤カビ病が問題となる。子実肥大期には、一〜二回、殺菌剤と殺虫剤を混合して防除する。圃場に雑草が繁茂している場合は病害虫が発生しやすいので、中耕・除草をしっかり行なう。これを行なうことで、病害虫防除のための薬剤散布の回数を減らしたり、省略したりすることができる。ただし種子採種の場合は、種子肥大期の灰カビ病・赤カビ病や紫斑病の予防は必須である。

　このほか、ウイルス病は植物体の病徴がひどく、葉がモザイクになって矮化するような場合には、抜き取り除去するが、病徴がひどくない場合は七月下旬から八月に入り高温になると症状が消える傾向にあり、特別な防除は必要としない（図34）。最近問題となっているのは、早生品種に発生しやすい赤カビ病で、莢に赤褐色の斑点（目玉症状）がつく（図35）。これは甘露に出やすく、また多肥の畑に発生しやすい。この病気は、見た目も悪く、商品価値を低下させるので、症状を発見したら早めに殺菌剤の散布を行なう。また、風などによる物理的な莢の摩擦や病害虫の被害による莢汚損が生じることがある。莢汚損の軽減策がいろいろ検討されている。

(7) 収　穫

ダダチャマメの収穫は、開花してから三五日頃が適当である（図36）。五月上旬播種の場合は八月上旬からの収穫となる。開花後三五日は莢の色がまだ鮮やかに緑色で、糖や遊離アミノ酸がもっと

図34　ダイズモザイクウイルスによるモザイク症状の葉

ダダチャマメはウイルス病には比較的強く，大きな被害にはならない。

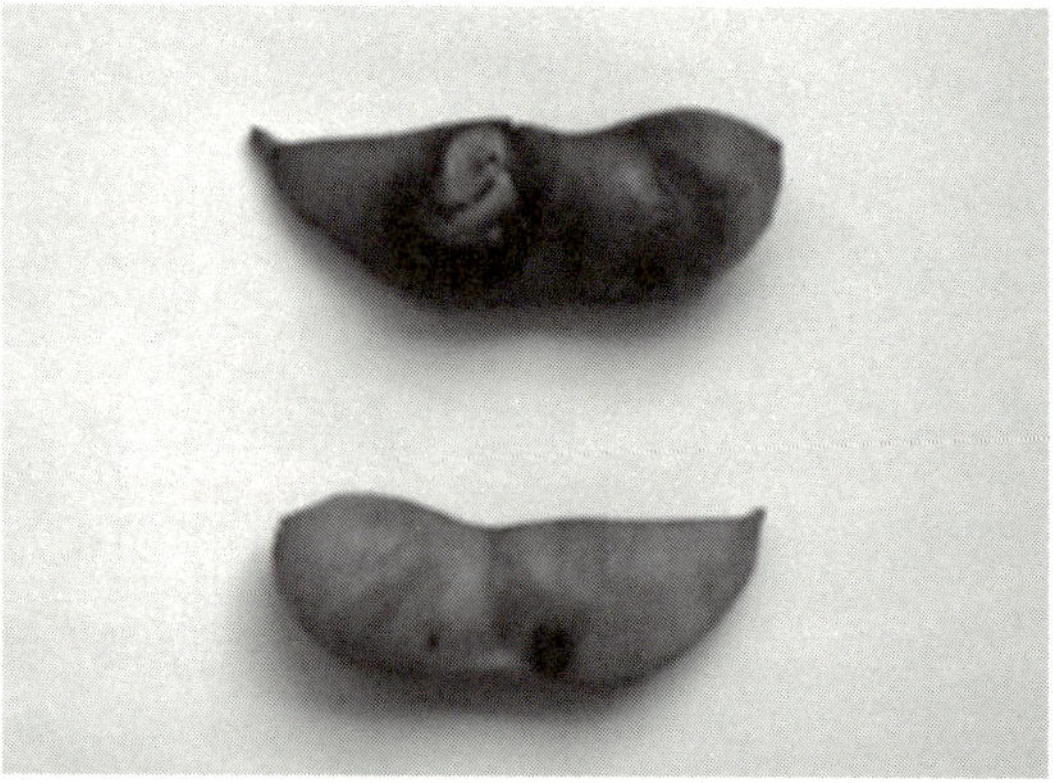

図35　赤カビ病の莢

上が症状の進んだもの，下は初期の症状。

郵便はがき

おそれいりますが切手をはってお出し下さい

1078668

（受取人）
東京都港区
赤坂郵便局
私書箱第十五号

農文協
☎03-3585-1141 FAX03-3589-1387
http://www.ruralnet.or.jp/
読者カード係行

◎ご購読ありがとうございました。このカードは当会の今後の刊行計画及び、新刊等の案内に役だたせていただきたいと思います。

ご住所	（〒 － ） TEL： FAX：	
お名前	男・女	歳
E-mail：		
ご職業	公務員・会社員・自営業・自由業・主婦・農漁業・教職員（大学・短大・高校・中学・小学・他）研究生・学生・団体職員・その他（ ）	
お勤め先・学校名	ご購入の新聞・雑誌名	

※この葉書にお書きいただいた個人情報は、新刊案内や見本誌送付、ご注文品の配送、確認等の連絡のために使用し、その目的以外での利用はいたしません。

● ご感想をインターネット等で紹介させていただく場合がございます。ご了承下さい。
● 送料無料・農文協以外の書籍も注文できる会員制通販書店「田舎の本屋さん」入会募集中！
案内進呈します。　希望□

■毎月50名様に見本誌を1冊進呈■（ご希望の雑誌名ひとつに○を）

①食農教育　②初等理科教育　③技術教室　④保健室　⑤農業教育　⑥食育活動
⑦増刊現代農業　⑧月刊現代農業　⑨VESTA　⑩住む。　⑪人民中国
⑫21世紀の日本を考える　⑬農村文化運動　⑭うかたま

お客様コード □□□□□□□□□□

S06.01

書 名　お買い上げの書籍名をご記入ください。

ご購入書店名（　　　　　　　　　　　　　　　　書 店）

●本書についてご感想など

●今後の出版物についてのご希望など

この本をお求めの動機	広告を見て（紙・誌名）	書店で見て	書評を見て（紙・誌名）	出版ダイジェストを見て	知人・先生のすすめで	図書館で見て

◇ **新規注文書** ◇　　郵送ご希望の場合、送料をご負担いただきます。

当社の出版案内をご覧になりまして購入希望の図書がありましたら、下記へご記入下さい。

（書名）	（定価）¥	（部数）部
（書名）	（定価）¥	（部数）部

も多い時期であり、食べてもっともおいしい時期である。ただし、ダダチャマメ系統のなかでも白山ダダチャなど良食味品種の莢色は黄緑色で、濃い緑色ではない。収穫期の白山ダダチャを図37に示す。図37Aのように根粒の着生の悪い株は、生育が悪く、莢数も少ない。おいしいダダチャマメ

図36　ダダチャマメの収穫作業

朝の気温が上がらないうちに行なう。

図37　収穫期の白山ダダチャ

根粒菌着生のよい株（B）は，ない株（A）に比べ，株の生育量，着莢数が大幅に上まわる。

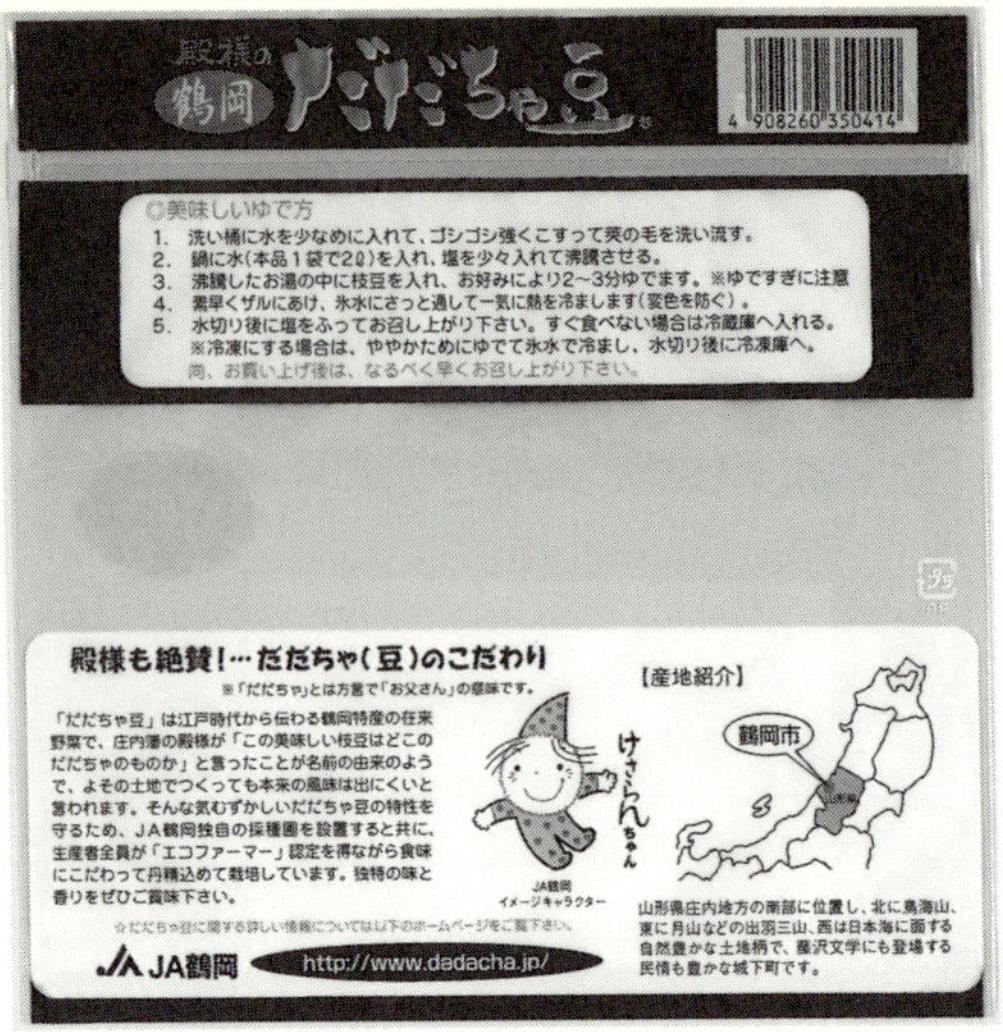

図38　JA鶴岡の生産者が用いているP-プラス容器

は全糖を約五%、遊離アミノ酸を約〇・七～一%含むが、三五日を過ぎると全糖は緩やかに減少し、遊離アミノ酸は急速になくなる。食味の低下を防ぐには、適期収穫を厳守するとともに、朝の気温が上がらないうちに収穫作業を行なうことも大事である。

(8) 出荷調製

圃場から莢付き枝で収穫後、脱莢機（イネの脱穀機を回転数を下げても使用できる）で脱莢する。脱莢した莢はベルトコンベアで送り、一粒莢、未熟莢および汚損莢を除く選別を行なう。選別を行なった商品莢は、品温を下げるために冷水で洗浄後、扇風機で風を送って水分を切り、その後、出荷まで一〇℃以下で予冷を行なう。エダマメの呼吸による発熱を押さえ、品質低下を抑えるのである。収穫から予冷までの時間を長くしないことが、鮮度保持の上で重要である。なお、ダダチャマメの選別は、二粒莢と三粒莢のみとし、二粒莢の割合が七〇%以上あるのがよい。

ＪＡ鶴岡では圃場から莢付き枝で収穫後、ただちに脱莢・選別を行ない、冷水で洗浄し、水切り調製を行なった後、Ｐ―プラス容器（図38）に袋詰めし、ただちに予冷を行なって出荷するように指導している。

■先祖から贈られた地域の宝、ダダチャマメを守り育てる

ＪＡ鶴岡茶毛枝豆専門部長・保科　亘

大学農学部を卒業後、数年農協の営農指導員として働いたあと就農し、コメと「だだちゃ豆」（ひらがな表記は登録商標）を栽培してかれこれ二〇年ほど経ちます。現在、だだちゃ豆の畑は一・五haほどあります。砂壌土が沖積した水田転換畑で栽培しています。

私が就農してほどなく一九八六年に農協に茶毛枝豆専門部会ができて、それまでの農家個々のものだった「だだちゃ豆」の生産が組織的に取り組まれるようになりました。先祖から伝えられてきた種子の統一、有機質を主体にした施肥法、またこれは本書でも触れているダダチャマメのおいしさを引き出す収穫時期の把握や収穫後の鮮度保持、さまざまな加工品の開発など、部会ではやってきました。

しかしもっとも意を注いだのは「だだちゃ豆」のブランド化でしょうか。今でこそ全国的に名前の知られるようになった「だだちゃ豆」ですが、以前は私たちの地方でこそ知られたエダマメでした。東京など大消費地ではまだそれ程なじみもなく、当地の出身者によって一部においしさが伝えられていた程

度でした。それを、何度も市場やスーパーなど量販店に足を運び、おいしさを伝える努力をするなかで、広く知られるところになり、近年一気にブレークするようになりました。

一方で、産地間競争や市場からの出荷数量増の要望（もちろん品質は落とさずにです）に対処するなど、ブランド維持には必至の努力も必要です。

「だだちゃ豆」は栽培が難しく、収量も一〇aあたり商品莢（二粒莢以上）で三〇〇kg程度と一般のエダマメ品種の六～七割です。各生育ステージで気象条件に左右されやすいのも悩みの種です。本当に毎年が初心者の思いで取り組んでいます。しかしわれわれの地域の先達、それも農家のお母さんたちが中心になって育種し、品種として残してきたこの「だだちゃ豆」をこれからもずっと守り続け、次の世代に残していかなければと考えています。

（山形県鶴岡市林崎）

4　畑で栽培する場合

(1) 基本管理は同じ

品種の選定、播種と育苗、本畑の準備、定植とその後の管理などは水田転換畑で紹介したのと基本的に同じである（表8）。ただし転換畑と異なり、定植前の耕耘はロータリ耕で二回で十分である。

また畑地は転換畑より有機物が通常少ないので、完熟堆肥を一〇aあたり一〇〇〇kg程度投入する。酸性土の場合は、pH六〜六・五になるように炭カルなど土壌改良材を散布して矯正する。

水田転換畑と比較して、初期生育は畑地のほうが良好であるが、堆肥を投入しない場合に開花期以降の生育が劣ることがある。畑地の場合、転換畑と違い七月以降に地力チッソが有効化することがないので、葉色を見て開花期前後にチッソとカリを成分量で一〇aあたり二kg（チッソとカリを一〇%含有する肥料であれば二〇kg）程度追肥する。

(2) 畑で栽培する場合の注意

●開花期までに四回中耕・培土

畑で栽培する場合、雑草防除と病害虫防除がとくに重要である。水田転換畑と違い、畑では七月以降に雑草が繁茂しやすい。雑草が多いと病害虫の発生も多くなり、収量や品質が低下する原因になる。したがって、畑では中耕・培土を四回以上行なって物理的に雑草防除する。ただし、開花期以降の中耕・培土は発達した根系を傷め、莢の充実を阻害することになるので、開花期頃までが限度である。それでも雑草が多い場合は、開花後に除草剤を一回散布する。

●水田より多い病害虫に要注意

畑地では水田転換畑よりも、病害虫が発生しやすい。害虫では生育中期にフタスジヒメハムシ、ハ

表8　ダダチャマメの栽培暦

6			7			8			9		
上	中	下	上	中	下	上	中	下	上	中	下
		開花期 ←→ 早生種	中生種	中生晩種	幼莢期 ←	子実肥大期 →			完熟期 ←→		
第1回中耕・培土・追肥	第2回中耕・培土	第3回中耕・培土・追肥	除草剤散布 カメムシ・ハダニ・ヨトウガ・フタスジヒメハムシの防除	害虫・紫斑病防除	害虫・灰カビ病・赤カビ病防除	早生　収穫開始	中生　収穫		中生晩　収穫	採種	

スモンヨトウ、ウコンノメイガおよびツメクサガによる葉の食害を受ける。アブラムシやハダニが発生することもある。開花後にフタスジヒメハムシやカメムシが発生すると、莢に食痕が残り、商品価値が低下する。

これらの防除に関しても転換畑の場合と同様であり、生育期にオルトラン水和剤、モスピラン水和剤、ダニトロンフロアブルおよびアグロスリン乳剤などを散布する。病害では、とくにさび病やべと病および赤カビ病が問題となる。ゲッター水和剤やセイビアーフロアブルなどが用いられる（六三ページ表7参照）。ただし、これらの農薬の散布は収穫の七日前までが限度であ

月	4	5		
旬	下	上	中	下
生育	←発芽→		初生葉展開	第1葉展開
主な作業	種子の準備 圃場の準備・施肥・耕耘	播種		定植

る。

●灌　水

エダマメの生育中後期に日照りが続き、土壌水分が極端に不足すると、生育が遅れ、着莢数の減少をもたらす。また開花期以降に梅雨が明けて日照りが続くと、莢肥大が不十分となる。このような場合は一日一回程度の灌水を行なう。灌水はホースで株元に水をやり、うねを湿らすだけでよい。面積が広い場合は、うね間灌水でも十分に効果は期待できる。

●倒伏防止

多肥の場合には主茎が長く伸び、培土で株元に土を寄せても倒伏することがある。倒伏すると莢の肥大が不十分となり、また莢に土が付いて商品莢率は極端に低下する。とくに中生の白山ダダチャ以降に開花する品種にはその傾向があるので、倒伏する恐れがある場合には、株を間に挟んで両側にビニールテープを張り渡して、倒伏防止を図る。

5　家庭菜園や鉢での栽培

(1) 播種と育苗

家庭菜園で栽培を楽しむ場合、まず種子の入手があるが、ダダチャマメの種子は一応早生から中晩生まで市販されている（表2、3参照）。これらを適宜選んで購入する。栽培は菜園程度であれば、木製の箱や発泡スチロールの箱を用い、市販の園芸用培土を四～五cmの厚さに詰めて三～四cm間隔で播種する。小規模の場合は、種子消毒を行なわなくとも七〇％程度の発芽率は期待できる。発芽には二五～二八℃が適温であるが、特別に加温しなくとも箱の上をビニールで被覆するだけでよい。

朝に灌水するが、滞水しないように注意する。約二週間で子葉が展開し、初生葉が出てきたら定植する。ダダチャマメの発芽率はふつうでも八〇％程度であり、また種子消毒しないと七〇％程度となる。直播きでは欠株が多く生じることになるので、苗を定植するのがよい。

(2) やはり大事なのは土づくり

家庭菜園でも、大事なのは、土づくりである。エダマメを栽培する区画の周りに排水溝（明渠）を掘り、完熟堆肥や良質な有機質を投入してできるだけ深く耕す。土壌の物理性を改善し、根張りをよくして、生育を旺盛にしてやるためである。その他、堆肥の施用、酸性改良などについては、六九ページと同様でよい。

(3) 定植とその後の管理

播種後約一四日で初生葉が展開してきたら、本畑に定植する。このときはできるだけ根に付いた床土を落とさずに移植する。液肥を一〇〇〇倍程度に薄めて灌水してから移植すると活着がよくなる。育苗期間が長くなり、三週間ほどになると本葉が出てくるが、徒長苗となりやすく、定植後の生育も遅れがちになるので注意を要する。以下の諸管理は、五九ページ以降を参考に進める。

中耕・培土（土寄せ）は本葉一枚が展開時に、米ヌカ・油カス入り有機質肥料を一aに四kg、株元に追肥し、第一回目を行なう。二回目は本葉三枚目に、三回目は本葉五枚目にカリ肥料（硫酸カリなど）を一aに一・五kg追肥してから行なう。中生品種では七月の初旬に開花が始まるが、この時期に四回目の中耕・培土を行なうと雑草防除もあわせてでき、望ましい。

家庭菜園など小面積の栽培では、とくに病害虫防除は必要ないが、フタスジヒメハムシやハスモンヨトウが発生することがあるので、この場合はアグロスリン乳剤やオルトラン水和剤などの殺虫剤を散布する。

生育期間中、ほどよく降雨がある場合は、とくに灌水は必要ないが、開花期以降に土壌水分が不足すると不完全な莢の割合が多くなるので、適宜灌水を行なう。

(4) 収　穫

ダダチャマメは、開花後三五日が収穫適期である。この時期は、中生の品種の白山ダダチャや庄内3号で莢の厚さが八～一〇㎜程度、二粒莢の場合の一莢重が二・二g程度になる。東北地方では、五月上旬に播種すると、七月上～中旬に開花し、八月十五～二十五日にかけて収穫が可能となる。収穫が遅れると、一株莢重は重くなるが、莢の黄化や褐変化が進み、食味は低下する。食味を重視する場合は、収穫は開花後三五日を目安に朝採りで行なう。一本植えなら株ごと掘り起こす。未熟な莢を除いて一株に五〇莢以上付いていれば、一株あたり一〇〇～一五〇gの莢の収穫になる。

家庭で食べる場合、四～五℃の冷蔵庫で数日間保管しても食味に影響はないが、一週間以上貯蔵する場合は、鍋で二分間沸騰させて、軽くゆでてから水気を切り、冷ましたら冷凍庫で保管する。

(5) 鉢で栽培する場合の注意点

ダダチャマメは鉢栽培も可能である。直径三〇㎝の大きな鉢を用意し、これに園芸用床土（苗用培土）と土または砂を一対一の比に混合したものを八分目まで入れる。園芸用床土を混ぜるのは、土を膨軟にし、孔隙性を高めるためである。化成肥料はチッソ、リン酸、カリの三要素だけでなくマグネシウム（苦土）入りの園芸用肥料を用いる。チッソ、リン酸、カリの成分が各一〇％のものであれば、一鉢に約五gを混合する。園芸用床土にすでに肥料が入っていたら化成肥料を混合する必要はない。油カスや米ヌカのような有機質肥料を少量（一〇g以下）プラスして加えてもよい。

苗は一鉢につき二本植えとして定植する。定植後はジョロで十分に灌水する。鉢植えの場合は毎朝灌水する。

追肥は、生育期間中に数回に分けて行なう。時期は本葉の展開をみて決める。一回目は本葉一枚展開時、二回目は本葉五枚展開時である。本葉が九～一〇枚程度になると開花してくるが、追肥三回目はこの開花時に、四回目は開花二週間後に行なう。追肥の量は、四回のうち三回は有機質入り化成肥料（チッソ、リン酸、カリ各一〇％のもので一回につき一～一・二g／鉢）を、一回は一g以下の硫酸カリ（一g／鉢）を与える。そして追肥のたびに土を添加し培土する。このように追肥を何回も行なうのは、少ない土の容積に対して、養分が欠乏しないように根に肥料分をこまめに供給し、生育量を確保するためである。また、土を添加し培土するのは、上方への根の発達を促し、株が倒伏するのを防ぐためである。

日当たりのよい暖かいところに鉢を設置すると、開花は普通栽培よりも五～七日早まる。開花後三五日に収穫するが、一鉢に二株の栽培で約八〇莢、約二〇〇gを収穫することができる。

図39に鉢栽培の収穫時エダマメ草姿を示した。また、図40にその鉢から収穫した莢を示した。鉢

図 39　鉢栽培の白山ダダチャ

A：開花期，B：莢肥大期

図 40　1 鉢の株から収穫した白山ダダチャ。これぐらいはとれる

栽培のエダマメの食味は、普通栽培のものと比較して差異がない。

第Ⅲ章

ダダチャマメ系品種と自家育種

1　品種の広がりと類縁関係

(1) ダダチャマメ系統の形態的、生態的特性

図41　白山ダダチャの白色の花

ダダチャマメ系統は主な一二品種が現在栽培されているが、このうち一般に農家で栽培されているのは、二七ページの表2に示す八品種である。新潟県で栽培されている黒埼茶豆についても比較のために表に載せた。生態的特性については表3に示した。

多くのエダマメ品種は、胚軸の色および花色が紫色を示すが、白山ダダチャマメを中心に、多くのダダチャマメ系統は胚軸が緑で、花色は白である（図41、口絵も参照）。尾浦および庄内5号は胚軸および花色は紫である。また、すべての品種で莢の表面の毛茸は淡褐色を呈する。白山ダダチャや甘露などの品種は、莢の子実と子実との間に特有のくびれを生

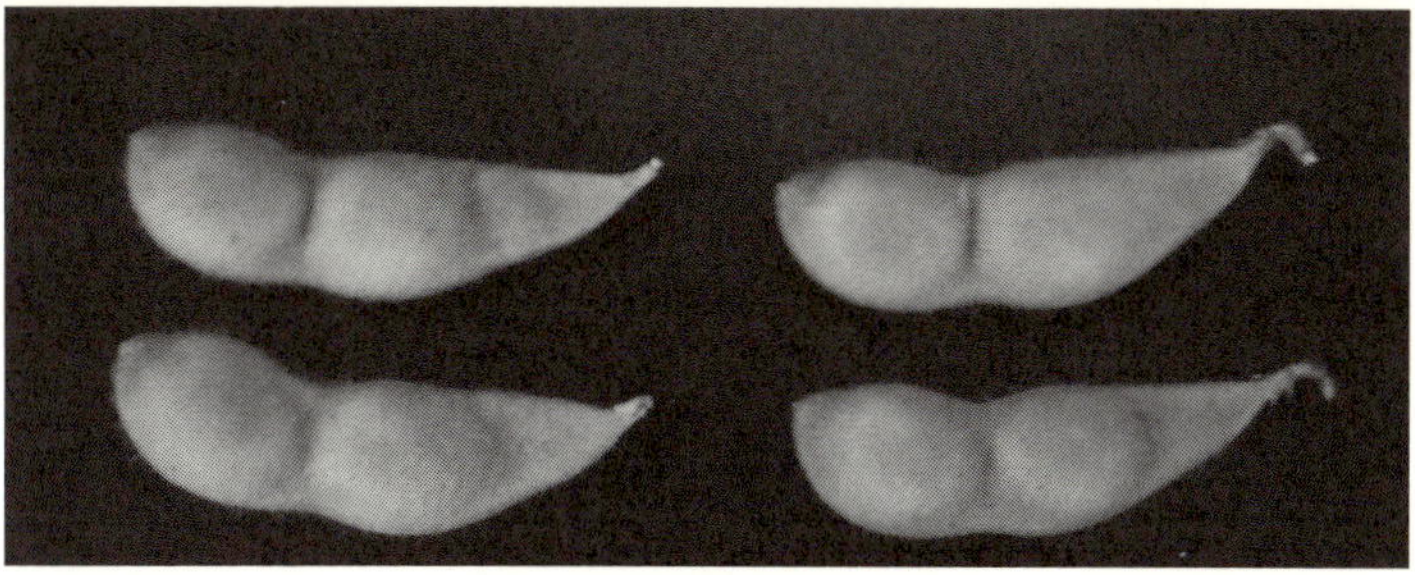

図42　白山ダダチャの莢

粒と粒との間のくびれが強い。

リュウホウ　　白山ダダチャ　　甘露

図43　完熟種子の形態比較

じる特徴がある（図42）。種皮色も収穫時期によって濃さは異なるが、完熟子実では褐色を呈する。多くのダダチャマメ系統の粒は扁楕円形であり、皺が寄るので不規則な形状を示す。図43にダダチャマメ系統の白山ダダチャと甘露の完熟子実を示した。

ダダチャマメ系品種は、すでに述べたように夏ダイズ型に属し、五月上旬に播種すると七月上〜中旬に開花し、八月上旬から下旬にかけてエダマメの収穫がで

および収穫物の特性調査結果（2007年）

莢付き重 (g)	1粒莢 (個)	2粒莢 (個)	3粒莢 (個)	1株莢数 (個)	総莢粒別割合 (%) 1粒	2粒	3粒	1粒莢 (g)	2粒莢 (g)	3粒莢 (g)	1株莢重 (g)	総収量 (kg/10a)
157	2.3	26.7	5.0	34.0	7	79	14	4.0	75.6	19.0	98.7	365.1
165	4.3	36.5	4.8	45.5	9	80	11	6.4	89.6	17.9	113.8	421.0
180	3.3	36.5	6.0	45.8	7	80	13	4.9	96.9	21.0	122.8	454.2
188	4.0	42.8	5.0	51.8	8	83	10	4.7	98.1	14.9	117.6	435.2
195	6.0	35.3	5.0	46.3	13	76	11	10.7	87.5	16.7	114.9	424.9
199	11.8	47.5	8.8	68.0	17	70	13	16.2	102.0	23.4	141.5	523.6
203	10.0	47.7	4.3	62.0	16	77	7	12.0	98.9	11.5	122.4	453.0
204	10.7	44.0	5.7	60.3	18	73	9	16.5	114.0	20.2	150.7	557.6
219	3.3	44.0	9.0	56.3	6	78	16	5.0	111.0	31.1	147.0	544.0

きる。ハウス栽培の場合や高温が続く年には収穫は五～七日ほど早まる。倒伏抵抗性はいずれも中であるが、熟期が中の晩の品種で、とくに多肥栽培の場合に蔓化しやすく、倒伏することがある。

病害では立枯病がわずかに見られることがあるが、大きな問題にはならない。品種によって、とくに甘露では赤カビ病が発生することがある（図35）

(2) 収穫時の生育と収量

ダダチャマメ系統の品種における生育および収穫物の調査結果（二〇〇七年栽培データ）を表9に示す。七月の始めに開花する比較的早生の早生甘露、庄内1号および黒埼茶豆では主茎長がやや短く、もっとも早く開花する早生甘露では主茎節数も少ない。また一般に早生品種は収穫時の全重が軽く、一株莢重（一株あたり莢重量）も中生品種より劣る。早生のなかで、黒埼茶豆は一株莢重が重く、収量

表9　ダダチャマメ系統における生育

品　種	播種日	開花日	収穫日	主茎長（cm）	主茎節数（節）	分枝数（本）	最低着莢高（cm）	全重（g）
早生甘露	5月11日	7月 1日	8月 6日	44.3	9.0	5.0	4.4	210
庄内1号	5月11日	7月 5日	8月10日	49.1	12.8	5.5	6.5	218
黒埼茶豆	5月11日	7月 5日	8月10日	43.5	13.8	7.5	3.8	255
甘露	5月11日	7月 6日	8月11日	53.4	13.0	5.8	5.6	261
早生白山	5月11日	7月10日	8月15日	51.1	12.5	6.0	6.8	284
白山ダダチャ	5月11日	7月14日	8月19日	47.1	12.8	5.8	4.0	266
庄内3号	5月11日	7月17日	8月22日	54.8	13.7	6.0	5.5	300
庄内5号	5月11日	7月20日	8月25日	52.3	14.0	5.5	3.8	293
尾浦	5月11日	7月20日	8月25日	47.8	13.0	5.0	3.9	284

もほかの品種に比較して多い。播種から開花までの日数と、莢付き重（葉を除いた莢付き株重）、一株莢数および一株莢重との間には相関があり、とくに莢付き重および一株莢数との間に高い正の相関がある。図44にダダチャマメ系統における一株莢付き重の品種間差異を示した。中生から中生の晩で、全重が重く生育量を確保できる品種では、一〇aあたり五〇〇kg以上の収量が得られる。一方で、早生品種は小ぶりであるが単位面積あたりの株数を多くすることで、収量を確保できる。

　白山ダダチャの開花は鶴岡で普通栽培の場合、七月上旬であり、八月二十日前後がエダマメの収穫期である。うね間九〇cm、株間三〇cmで一〇aあたり三七〇〇株を栽植した場合、莢付き重で約二〇〇g、一株莢数は六〇個以上、一株莢重は一四〇～一五〇g程度になる。これから換算して一〇aあたり収量は約五〇〇kgとなる。庄内3号の諸形質は白山ダダチャと類似している。また、庄内5号、尾浦

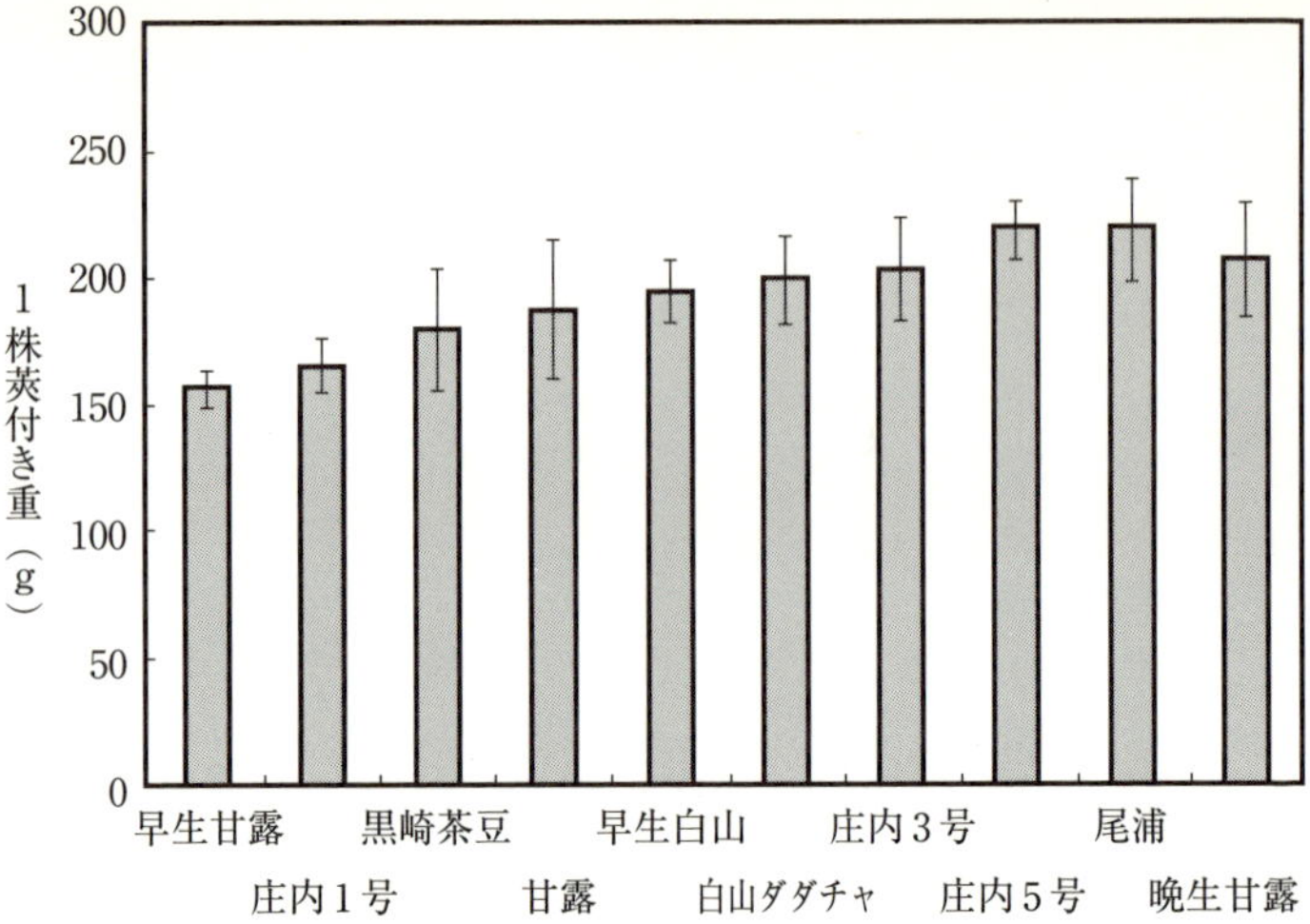

図44　ダダチャマメ系統における1株莢付き重の品種間差異

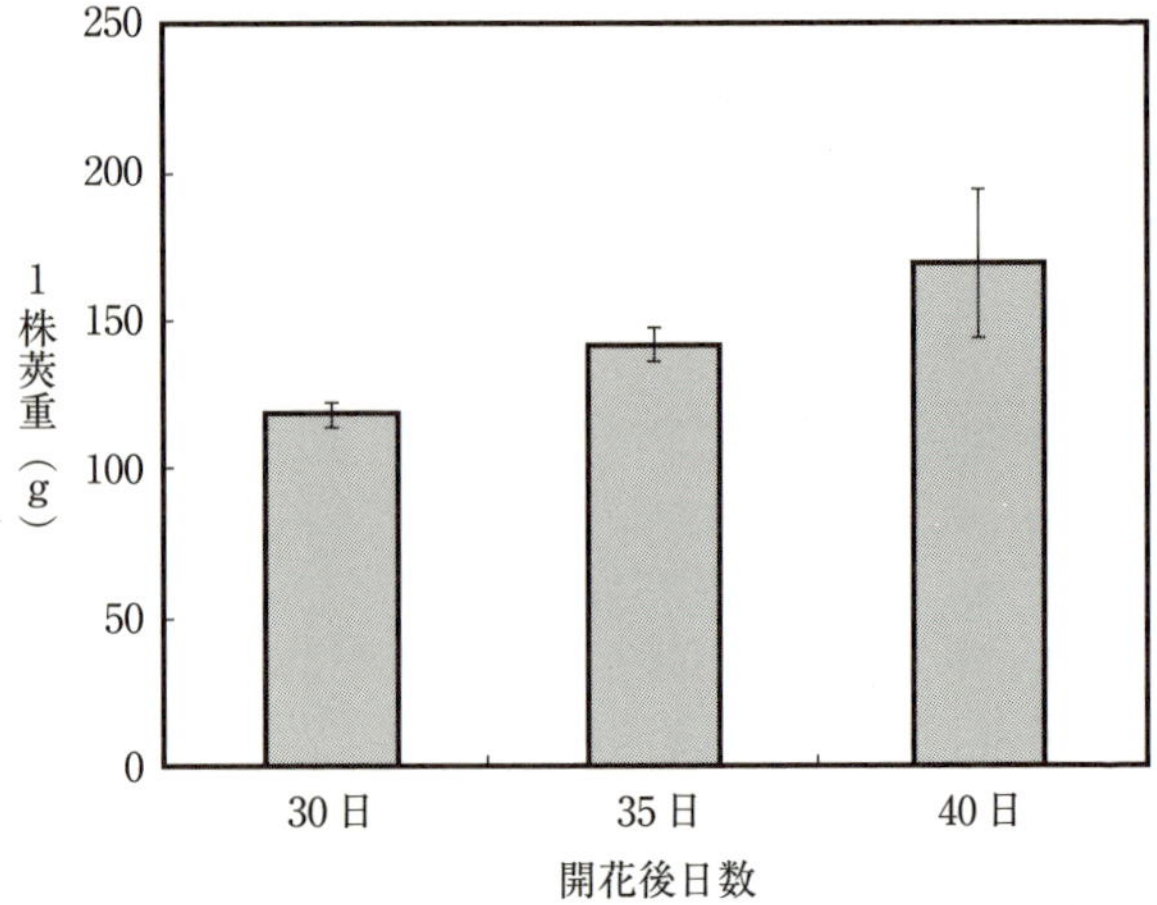

図45　白山ダダチャにおける開花後の日数と1株莢重

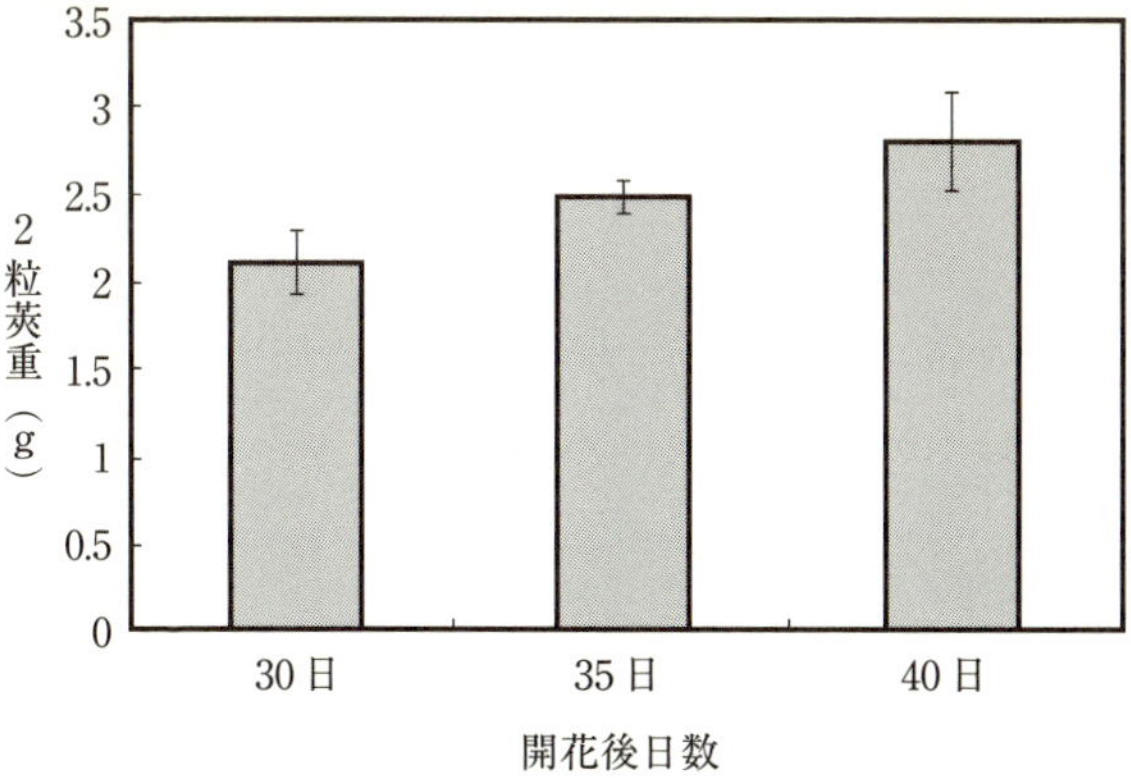

図46　白山ダダチャにおける2粒莢重の開花後の変動

および晩生甘露はやや晩生であり、生育量を確保できるため、枝付き重、一株莢重および収量は白山ダダチャと同程度か、それ以上の値となる。

これらの収量に関する形質は、年次変動が大きく、二〇〇四年は低く、二〇〇五年は豊作であったが、二〇〇六年は平年作、二〇〇七年は冠水の害もありやや劣った。また、早生から中生の品種は播種期や定植の時期が遅れると生育量を確保できず、一株莢数や一株莢重が低くなり減収する。

白山ダダチャの一株莢重は開花後の日数によって増加する。図45に開花後三〇日、三五日および四〇日目の一株莢重の変化を示した。開花後三〇日では約一二〇g、三五日で約一四〇g、四〇日では約一六五gとなった。この場合、一株莢数はほぼ一定であるので、一株莢重の増加は一莢重の増加による。また、二粒莢の場合に、開花後三〇日、三五日および四〇日目で莢重は変動する

表10　ダダチャマメ系統の主な品種の粒形質（2006年）

ダダチャマメ系統	1株乾物重(g)	1株莢数	乾燥種子重(g)	種子数	1粒重(g)	丸・皺
甘露	57.61	58.0	25.16	93.50	0.27	皺
黒崎茶豆	74.83	84.2	56.55	173.17	0.33	丸
早生白山	65.37	63.7	24.15	103.33	0.23	皺
白山ダダチャ	94.83	88.3	45.27	154.42	0.28	皺
庄内3号	107.17	103.8	38.36	156.10	0.25	皺
庄内5号	93.99	94.0	52.93	170.25	0.31	丸

注）数値は10個体の平均値。

（図46）。白山ダダチャの一粒莢重は、開花後三〇日目で約一・一g、三五日目で二・五g、四〇日目で約二・八gとなった。ただし、前述のように収穫は成分の関係から、開花後三五日目が適期であり、四〇日後の収穫では、一株莢重は重くなるが、商品莢率が低下し、食味も劣るようになるので推奨できない。

(3) 完熟粒の形質

ダダチャマメ系統の主な六品種の完熟粒の形質（二〇〇六年栽培のデータ）を表10に示した。これは、開花後五五日目で収穫し、雨が当たらないようにして十分乾燥したものを調査したものである。一粒重は品種間差異が大きく、早生白山や甘露は小粒で〇・二三～〇・二五gであり、黒埼茶豆や庄内5号は〇・三g以上で大粒である。甘露や白山ダダチャは中位で、一粒重は〇・二七～〇・二八gの大きさである。この中で、大粒の黒埼茶豆および庄内5号は粒形は皺がなく楕円形を呈する。

(4) 主なダダチャマメ系品種の特性

ダダチャマメ系品種の形態的特性および生態的特性については前に述べたが、実際に栽培されている主な品種の特性は以下のとおりである。栽培農家では、早生から中生の晩まで数品種を組み合わせ、収穫時期を少しずつずらすようにしている（四九ページ表6参照）。

①**「早生甘露」**は甘露から早生変異として選抜された品種で、四月下旬から五月上旬の播種で六月下旬に開花し、七月下旬から収穫できるダダチャマメ系品種のなかでもっとも早生品種である。通常の栽培で遊離アミノ酸は〇・七～一・〇％、全糖は四・〇～五・〇％含有し、食味はよいが、主茎長が四五cm以下と短く、一株莢重が一〇〇g程度で収量も低い。この品種の場合は、早播きして生育量の確保につとめ、単位面積あたりの株数を多くして収量をとるようにする。

②**「甘露」**は開花・成熟期が中の早の品種で、収穫は八月十五日前後と、白山ダダチャより七～一〇日ほど早い。遊離アミノ酸は〇・七～一・〇％、全糖含量は四・〇～五・〇％で食味もよい。収量は早生甘露より多く、白山ダダチャよりやや劣る。全糖含量は白山ダダチャと同等であるが、白山ダダチャと異なる甘さがある。白山ダダチャに次いで栽培面積が多く、庄内地方の主力品種の一つであるが、赤カビ病に罹病しやすい。

③**「庄内一号」**は開花・成熟が中の早で、八月十日前後の収穫となる。早く出荷できる品種のなか

で、栽培しやすい品種である。遊離アミノ酸や全糖含量は栽培によって白山ダダチャよりやや低くなる傾向がある。

④**「早生白山」**は白山ダダチャからの早生変異として選抜された品種である。白山ダダチャより約五日早く開花し、収穫は八月十五～二十日頃である。遊離アミノ酸や全糖は白山ダダチャと同程度か、やや低い傾向がある。収量も白山ダダチャよりやや少ない。

⑤**「白山ダダチャ」**はもっとも良食味といわれる主力品種の一つである。七月上旬に開花し、収穫は八月十五日以降の中生である。通常の栽培で遊離アミノ酸は〇・七～一・〇%、全糖は四・〇～五・〇%で、この食味を安定して確保できる。一株莢重や収量も比較的よく、甘露とともに栽培面積が多い。

⑥**「庄内3号」**は開花期や成熟期は中であるが、白山ダダチャより三日ほど遅れる。遊離アミノ酸や全糖含量は白山ダダチャとほぼ同じであり、食味もよい。

⑦**「庄内5号」**は開花期や成熟期が中の晩であり、収穫は白山ダダチャより七～一〇日ほど遅れ八月二十五日以降となる。大粒であり、収量も多いが、遊離アミノ酸や全糖含量は白山ダダチャより少ないことがある。育苗時の胚軸や成葉の葉柄が紫色を帯び、花色も紫であり、一般的なダダチャマメ系統と容易に識別できる。

⑧**「尾浦」**は開花期や成熟期は中の晩で、白山ダダチャより七～一〇日ほど収穫が遅れ、庄内5号

と同様八月二十五日以降となる。大粒であり収量も庄内5号と同様に多いが、栽培によっては遊離アミノ酸や全糖含量は白山ダダチャより少ないことがある。庄内5号と同様、胚軸や葉柄が紫色を帯び、花色も紫である。

⑨**「晩生甘露」**　は甘露から生じた晩生変異種を選抜してできた品種である。開花期や成熟期が中の晩であり、白山ダダチャより七～一〇日ほど収穫が遅れる。中の晩の品種のなかでは尾浦や庄内5号より栽培しにくく、栽培によっては遊離アミノ酸や全糖含量が白山ダダチャより少ないことがある。

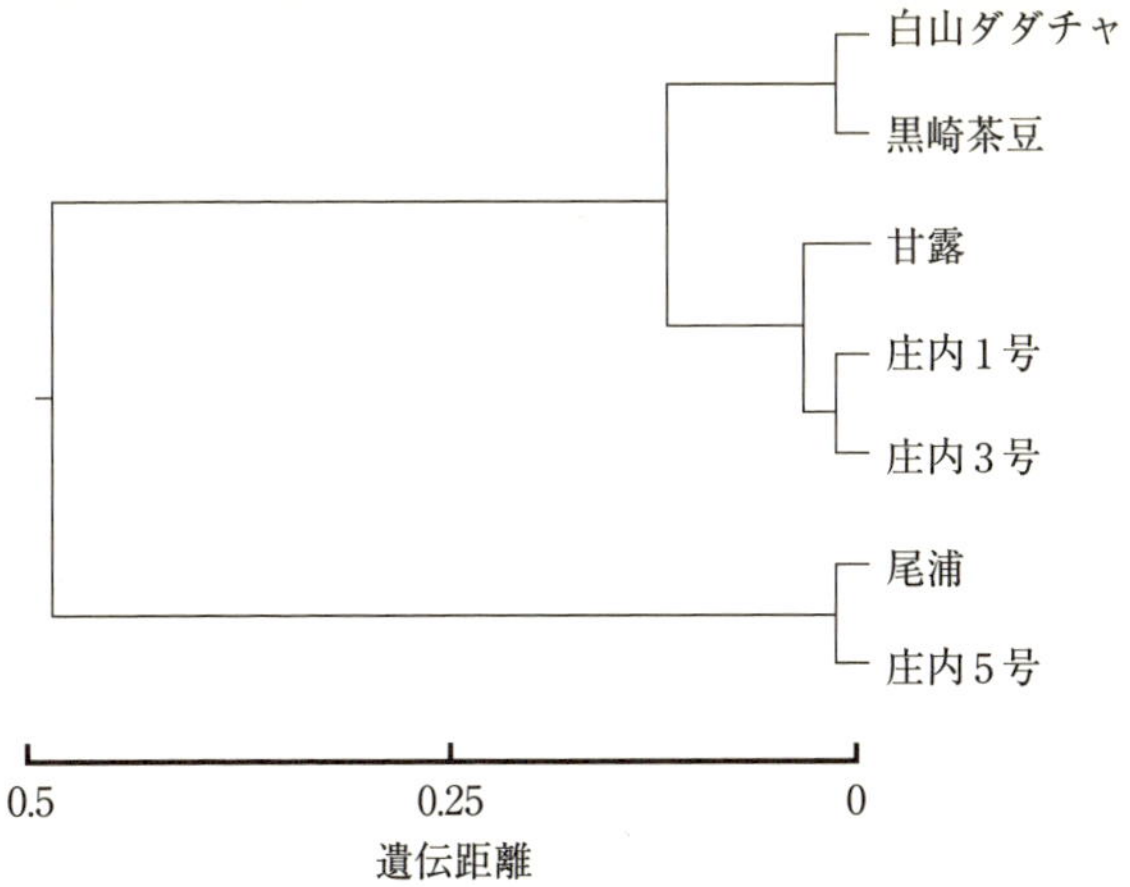

図47　SSR多型から見たダダチャマメ系統の類縁関係

(5) 主なダダチャマメ系品種の類縁関係

ダダチャマメ系統七品種の類縁関係についてSSRマーカー（カコミ参照）を用いたDNA多型のパターンから相関マトリックスを作成し、品種間の遺伝的類縁関係を調べ、系統樹を作成した（図47）。この図から、白山ダダチャと黒崎茶豆、庄内1号と庄内3号、

■DNAマーカーにより品種識別ができる

ダダチャマメ系品種はすべて茶マメであり、多くは完熟種子の種皮に皺が生じる。莢の形に特徴がある品種もあるが、食する時期の未熟な莢や子実から品種を区別するのは困難である。また、その他の茶マメと外見から区別するのも難しい。そこで、DNAマーカーを利用して品種を識別する研究がなされている。

DNAマーカーはDNA多型を解析するのに用いられ、いろいろな種類のDNAマーカーがある。すなわち、制限酵素断片長多型（Restriction Fragment Length Polymorphism：RFLP）、Random Amplified Polymorphic DNA（RAPD）、Simple Sequence Repeats（SSR）などである。このうち、SSRは数塩基が単位となり十数回から最大一〇〇回程度まで反復しているDNA配列であり、マイクロサテライト（Microsatellite）とも言われる。SSRは真核生物に普遍的に見られ、染色体に広く散在しているため、ゲノム全体にわたる解析ができる。SSRはその両側に保存性の高い配列がある。この保存配列にプライマーを設計し、PCR（ポリメラーゼ・チェイン・リアクション）を行なうことで、そのPCR増幅産物は多型を示す。またSSRは少数の反復単位の増減が頻繁に起こり、近縁の栽培品種の分類・識別にもっとも有効である。

SSRマーカーを用いたダイズの多型検出や連鎖地図の作成は、千葉大学の原田研究室で勢力的に行なわれた。品種識別に関しては独立行政法人種苗管理センターの小曽納・伴らの研究によって進められた。

筆者らの研究室で、ダダチャマメを特別に識別するDNAマーカーの探索を行なった結果、ダダチャマメ系統の七品種を識別できるSSRマーカー五種を見つけることができた。しかし、系統発生的に見てきわめて近い品種間、たとえば白山ダダチャと早生白山、甘露と早生甘露などの識別には至っていない。筆者らの研究室では、ダダチャマメ系統の品種のＤＮＡマーカーによる識別に関する研究をさらに進め、簡素化し、生産や流通の現場で使える技術にしたいと考えている。

尾浦と庄内5号が遺伝的に近縁で、甘露は庄内1号および庄内3号と互いに近縁であることがわかる。さらに、尾浦と庄内5号はともに紫花を着けるが、ほかの白花のダダチャマメ系統とは遺伝的に大きく異なることが示された。とくに、白山ダダチャと黒崎茶豆が遺伝的に近縁であるという結果から、黒崎茶豆は白山ダダチャあるいは白山ダダチャの派生系統を新潟県にもっていき、黒崎の地で改良したということが考えられる。

2　新ダダチャマメ品種の育成

(1) 系統育種法の手順

●大粒の白山ダダチャを

白山ダダチャはきわめて良食味の品種であるが、比較的小粒である。そこで白山ダダチャのおいしさはそのままに大粒の品種が求められている。私たちの研究室ではこの育種目標に沿った新ダダチャマメの系統育種法を試験している。

●交　配

白山ダダチャに大粒の形質を導入するため、白山ダダチャ×黒埼茶豆、白山ダダチャ×尾浦の交配を行なった。

まず母親（母本）に用いるほうは花弁を花が開く直前にピンセットで取り除き、柱頭を露出させる。父親（花粉親）のほうは、花弁が開いてすぐのものを選び、静かに花弁を取り除き、一〇本ある雄ずいをピンセットでつまみ、葯の部分を母親の花の柱頭に付け受粉させる。ダダチャマメの交配は開花受粉もあるため多少難しいが、花粉が飛散するようであれば、受精は確実である。交配した花にはラベルをつけ、交配しなかった花は除いておく。

交配後五〇日で成熟するので、組み合わせごとに採種する。一つの組み合わせでF_1（交配一代）種子を五～一〇粒得るのが望ましい。

●F_2で粒大が分離、さらに選抜

交雑した種子（F_1）は、翌年栽培してF_2種子（五〇〇粒が目安）を採種する。F_2種子を三年目に播種し、株ごとに形質を調査する。エダマメの場合は未熟な子実を食するが、この時期に短時間で多くの個体を調べることはできないので、開花後五〇日を目安に収穫し、乾燥後に調査を行なう。

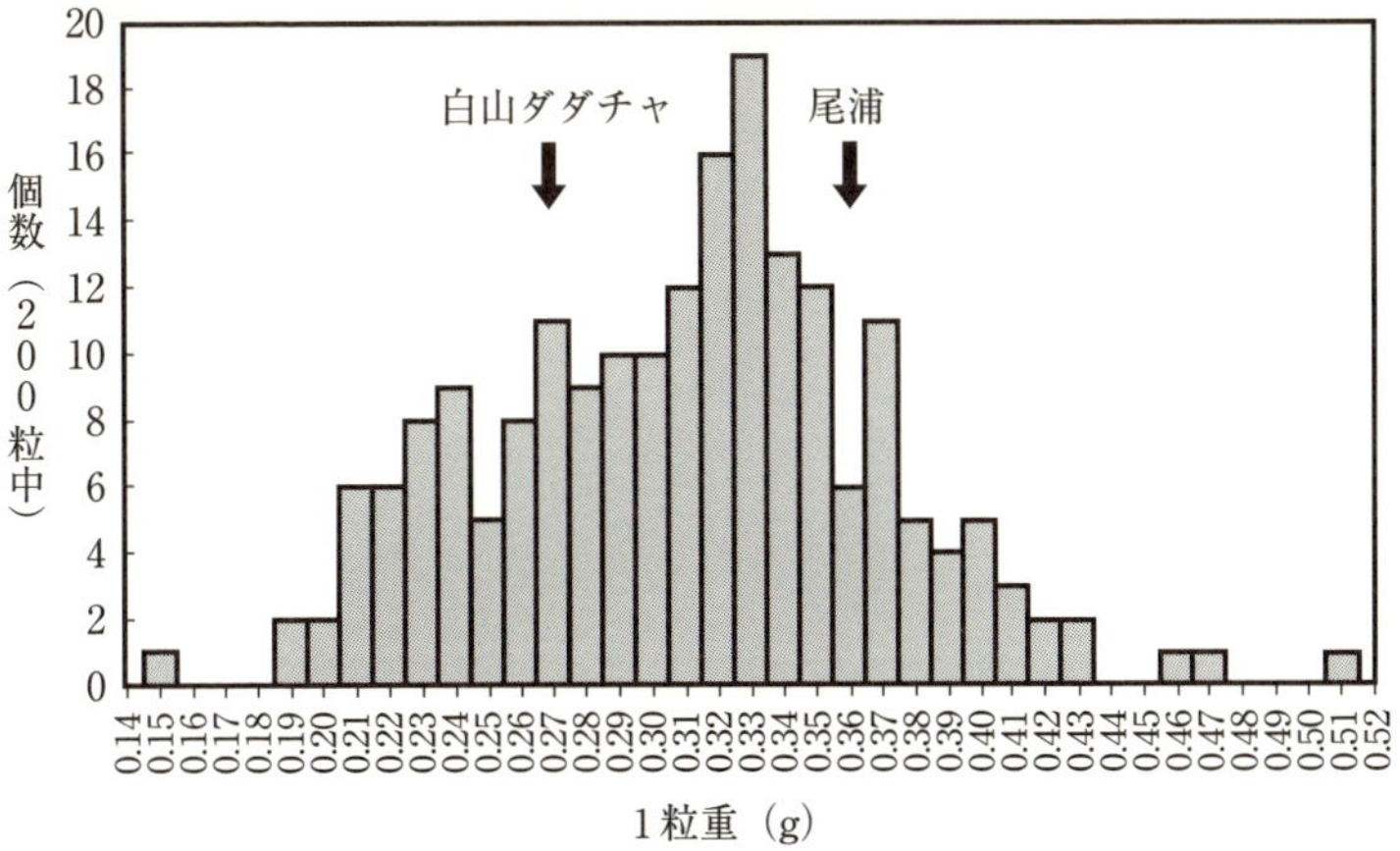

図48　白山ダダチャと尾浦の交雑後代のF_2における粒重の分布

中粒の白山ダダチャと大粒の黒埼茶豆、あるいは尾浦との交雑のF_2では、粒大に分離が見られる。一粒重に関するF_2での分離の例を図48に示した。F_2の一粒重の分布は両親の中間にピークがあり、二頂分布は示さないことがわかる。このことは、粒重には複数の遺伝子が関係していることを示している。F_2で大粒・皺のものを株ごとに選び、F_3種子とする。ここで大粒ともに皺の種子を選抜するのは、皺のある種子のほうが全糖が多いことが測定の結果わかっているからである。

●F_3以降での有用系統の選抜と育種

F_2で株ごとに選抜した大粒・皺の系統の個体を一列に植え、系統番号を付す。開花後三五日に系統ごとに莢をサンプリングし、遊離アミノ酸および糖含量の分析を行なう。開花後五〇日に収穫し、株ごとに実用形質を調査し、大粒で一株莢数の多い株を選抜する。このような育種目標に合致する個体は、F_2での特定の株

変異系統における生育および収穫物の調査結果

莢付き重(g)	1粒莢(個)	2粒莢(個)	3粒莢(個)	1株莢数(個)	総莢粒別割合(%)			1粒莢(g)	2粒莢(g)	3粒莢(g)	1株莢重(g)	総収量(kg/10a)
					1粒	2粒	3粒					
198.8	11.8	47.5	8.8	68.0	17.3	70.0	12.7	16.2	102.0	23.4	141.5	523.6
247.5	9.8	51.3	3.5	64.5	14.2	80.0	5.8	14.3	123.0	10.6	147.9	547.1
231.3	4.8	45.5	9.5	59.8	7.3	76.7	16.0	7.7	119.5	31.8	159.0	588.1

に行き着くことが多い。F_3で選抜した系統を系統群とする。この系統群のなかで遊離アミノ酸および糖含量が条件を満たす系統を、さらにF_4の系統とする。そこで有望系統はかなり絞られてくる。

F_4では一系統あたり約五〇個体を植え、これらの系統の特性検定試験、生産力検定試験を行ない、有望系統を絞り込む。エダマメ用ダイズではF_4の段階でかなり固定し、形質が安定してくる。

(2) 皺と花色の遺伝

以上のような選抜をくり返し、育種を進めていくが、そのなかで、特徴的な白山ダダチャの遺伝について簡単に紹介しておく。

丸粒と皺粒の遺伝に関しては、メンデルのエンドウの遺伝の実験でよく知られているが、ダイズはエンドウほど単純ではない。

丸粒で皺のない黒埼茶豆と皺粒の白山ダダチャとの交雑では、F_1も皺があり、F_2では皺粒と丸粒がそれぞれ三対一に分離した。メンデルのエンドウの実験では、丸い形質が優性で、丸と皺が三対一に分離したのだが、ダイズの皺粒と丸粒では、皺の形質が優性のようである。

表11　ガンマ線による白山ダダチャの大粒

品　種	播種日	開花日	収穫日	主茎長（cm）	主茎節数（節）	分枝数（本）	最低着莢高（cm）	全重（g）
白山ダダチャ	5月11日	7月14日	8月19日	47.1	12.8	5.8	4.0	266.3
26－5－33	5月11日	7月16日	8月21日	57.1	13.5	5.8	7.3	323.8
28－13－18	5月11日	7月11日	8月17日	49.1	13.8	6.8	5.0	283.3

また普通ダイズ品種の多くは花色が紫だが、多くのダダチャマメ系統は白色である。そこで、普通ダイズ品種で紫のリュウホウとダダチャマメ系統で白の白山ダダチャを交雑した。F_1の花色は紫であった。F_2でも紫色の花が圧倒的に多く、紫色の花と白色の花が一五対一であった。この比率は、メンデルの分離比の三対一に適合せず、一つでなく、二つの遺伝子座が関係していると考えられる。このような遺伝子を重複遺伝子（同義遺伝子）というのだが、ダイズ、とりわけ白山ダダチャの白花の遺伝ではこうした遺伝子も関わってまだまだわからないことが少なくない。

3　大粒・良食味系統の突然変異育種

前述のように、白山ダダチャは良食味であるが、種子は小から中で、収量性もやや劣る。そこで、大粒で良食味のダダチャマメを育成すべく、交雑による系統育種を試みる一方で、ガンマ線照射による突然変異育種も試みている。

まず、二〇〇三年、良食味の白山ダダチャに(独)農業生物資源研究所の放射線育種場で、一〇〇グレイのガンマ線を種子照射し、照射当代（M_1）二〇〇個体を山形大学附属農場で栽培した。M_1にはガンマ線によってダメージを受けた個体が多数あったが、生育が良好で莢数が比較的多かった四四個体を選抜した。二〇〇四年に照射次代（M_2）を同圃場に栽培した。M_2の四四系統のなかから一粒重が重く、一株あたり莢数および種子数の多い一一系統を選抜した（M_3）。二〇〇五年にこの選抜したM_3系統を栽培し、実用形質を調査した結果、一株あたりの莢数や種子数

白山ダダチャ　　　26-5-33*

図49，50　大粒変異系統26－5－33の草姿（上）と，完熟種子（下）

*現在品種登録申請中。

等に関して原品種より劣る系統が多かったが、一粒重に関して有意に重い四系統が認められた。次のM_4では、その大粒の四系統を系統群とし、栽培した。

二〇〇六年には、大粒形質を指標に選抜したM_4の四系統群の合計一三系統につき、草丈、莢数、二粒莢割合、種子数、種子重および一粒重などの実用形質および糖含量・組成について調査した。一粒重の形質では白山ダダチャが〇・二八gに対して、一三系統のうち一一系統で有意に重い値を示した。そこでさらに、大粒で実用形質にも優れた二系統を選抜し、M_5において特性調査を行なった。その結果、ある一系統は一粒重が約二〇％重く大粒であるばかりでなく、莢数、種子数および種子重にも優れ、品種として有望と考えられた（表11、図49、図50）。この系統は、全糖含量およびスクロース含量も多い傾向が認められた。この系統に関しては、品種登録を現在進めている。

4　これからの品種の狙い――自家選抜も十分楽しい

早いのがよいといっても早生から中生のエダマメは、七月下旬から八月下旬までに収穫できても、晩生種ほど生産量が稼げず、一株あたりの莢数や一株あたりの莢重が晩生種に比べて低い。また、良食味であっても、小粒であれば食べたときの充実感が得られない。さらに、二粒莢が消費者に好まれることも一方で考慮しなければならない。新ダダチャマメの育種では、大粒で、一株あたり莢

図51　採種のための莢の乾燥

10日間は雨にあてないようにする。

重が一定量確保でき、二粒莢の割合が七〇%以上であることが望まれる。

むろん食味はもっとも重要であるので、糖や遊離アミノ酸などの成分をしっかり分析し、確認する必要がある。ブリックス糖度計の利用や近赤外分光法など、成分を抽出しないで判定する方法がいろいろ考案されている。もっとも簡便な方法は、白山ダダチャをつくり育ててきた農家のお母さんたちがしてきたように、皺の形質を選抜することである。これと、先に述べた農業実用形質とを、組み合わせて取り組んでいくことである。

第Ⅳ章

売り方とおいしい調理・加工の工夫

1　直売所、インターネットで人気

(1) にぎわう農家直売

庄内地方では八月に入ると、農家の庭先や道路沿いで「ダダチャマメ販売」などの看板を見かける。数人のエダマメ栽培農家が共同で販売している場合もある。消費者は生産者と、そのエダマメがどんな品種でどんなつくり方をしているのか、などを聞いて確かめて買うことができる。農家の側でも自分の直売所の味が問われるので、自信のもてる良食味のエダマメだけを消費者に提供することになり、好評である。こうした農家直売では、新鮮なエダマメが食べたいとの要望に応えるため、莢をはずさないで株ごと販売しているところが多い。農家は朝採りの株を束ねて、枝付きで直売所に持参する。これを購入した消費者は採りたての新鮮なエダマメを味わうことができる。

(2) 最近はインターネット産直も

また、産地直送を行なう農家もある。鶴岡ではダダチャマメ生産農家の約三分の一が産直を行なっており、正確なデータはないが生産量のかなりの割合になる。農家では親戚や口コミを通じて販路を拡大している。そのほか、インターネットのHPで注文を受け付ける農家もでてきている。産直は中間のコストを要しないので、農家の手取りも多くなる。農家はエダマメを厳選し、鮮度保持のための「P-プラス」という鮮度保持に好適な容器に入れパッケージングし、専用の段ボールで届けている。農家は信用と来期の注文をとれるかがかかっているので、エダマメの商品莢には注意を怠らない。また、その際に生産の現場が見えるようなパンフレットを入れる。産地直送はインターネット上のHP利用の拡大とともに年々広がりを見せている。

一方、産直施設でも農家のこだわりのエダマメを購入できる。JA鶴岡では「産直館」を設け、農家の直売に協力している。また「しゃきっと」という組合組織のファーマーズマーケットをもっており、エダマメに限らず地域の野菜、果物、山菜、花、コメや手づくり加工品、民芸品など農家の生産物の直売を支援している。

(3) 名前を裏切らないことが大事

エダマメを有利に販売するためには、やはり味が決め手となる。しかし、いかに良質でおいしいエダマメを生産しても、販売の戦略が悪ければ高くは売れない。JA鶴岡では、これまで販売スタッフを消費地に派遣し、精力的にPR活動を行なってきているが、そのほかにインターネットのホームページ上でも広範な情報の提供を行ない、注文を受け付けている。さらに一度購入してくれた消費者には「ただぱら通信」なるものを送り、季節の産品をＰＲし、エダマメとしての一次産品ばかりでなく、加工品も含めて注文を取っている。こうした広範な販売戦略でＪＡ鶴岡では一定の成果をあげている。ダダチャマメが一躍全国ブランドになったのも、ＪＡ鶴岡の「茶毛枝豆生産部会」を中心とした活動によるところが大きく、エダマメの採種事業から始まって、栽培法の研究、収穫・出荷調製など良質でおいしいエダマメの生産を追求してきた地道な努力の賜である。

また、これからの販売の展開を図る上で、注目したいのは、いま述べたインターネットを利用した販売である。ある篤農家は自らＨＰを作成し、「俺のダダチャマメ」について積極的にＰＲ活動を行なっている。そこには生産者のプロフィール、品種やこだわりの栽培法、ダダチャマメのおいしいゆで方などの情報を載せ、消費者に関心をもってもらい安心して購入してもらえるような工夫をしている。このようなインターネットを通じての産直は確実に広がっていくように思われる。ただし、忘れてはならないのは、直にお客さんとやり取りする販売で大事なのは信頼であり、ダダチャマメの場合、その名を裏切らない味を、きちんと届けることである。決め手はやはり味と鮮度なのである。

2　ダダチャマメの加工と利用の工夫

(1) ゆでて食べるのが一番

図52　ゆでて食べるのが一番おいしい

ダダチャマメは近年、いろいろな加工品がつくられるようになっているが、おいしく味わうには、新鮮なうちにゆでて食べるのが一番である（図52）。おいしくゆでるコツは、これまでくり返してきたとおりである。まず、エダマメを水でごしごしこすって莢の表面にでている毛を取り除き、ザルに入れ、水気を切る。鍋に莢重量の三〜五倍の水をいれ沸騰させる。沸騰したら、莢を入れフタをして火力をあげる。再度沸騰してから三〜四分後にザルにあけ、少々の塩をふり混ぜて、団扇や扇風機などで冷ます。一番注意するのはゆで時間で、再沸騰して五分以上たつと、糖や遊離アミノ酸などが減っておいしくなくなる。また莢も変色しやすい。

以上のほかに、三～四％の塩水で塩ゆでする方法や、冷水中にゆであげた莢を入れ、急冷させると鮮やかな緑色が保たれてよいという意見もある。ただし、ゆでた後に莢を長く冷水に漬けておくと、旨みや甘みも失われるので注意する。

⑵ 主な調理と加工、楽しみ方

① 味も濃厚なダダチャマメ豆乳

ダダチャマメからつくる豆乳は甘みとコクがあり、普通ダイズからつくる豆乳よりおいしい。つくり方は一般の豆乳と同様であるが、著者の研究室で行なっている方法を以下に紹介する。

ダダチャマメの完熟種子一〇〇gを用意する。マメの表面をよく洗った後、これを一晩（一〇時間以上）水に漬け吸水させる（図53）。種子は約二・五倍に吸水し、三〇〇mlに膨張する。翌朝吸水した種子を水で軽くすすぐ。三〇〇mlの吸水したマメに対して、半量の一五〇mlの良質な水を加え、約二分間フードミキサーにかける。ミキサーにかけた溶液（なまご）を今度は深鍋に移し、さらに水（引き水）を約一リットル加え、加熱し沸騰させる。かなり泡が立つが、いったん沸騰してきたら弱火にして五分ほど加熱を続ける。次に火をとめ、二重のサラシ布で溶液を濾《こ》す。このときに、サラシ布をステンレス製ザル容器の上に置き、溶液を受けるとよい。サラシ布で濾過された溶液が豆乳である（図54）。残ったものは絞り、おからとする。乾燥したダダチャマメ種子一〇〇gから約

図53　一昼夜水に浸した完熟の白山ダダチャ

図54　白山ダダチャから作った豆乳と絞ったオカラ
いずれもやや褐色を呈する。

一・二lの豆乳ができる。

ダダチャマメの豆乳は、種皮が褐色のためやや茶色味を帯びるが、青臭みもなく、とくにできたての七〇～八〇℃の熱い豆乳は香り、味ともに抜群である。おからにも種皮の部分が入るため、白に褐色の点々が入ったおからになるが、味は濃厚でおいしく、プロアントシアニジンも入っているため、健康にもよい。

豆乳が簡単にできる豆乳製造器も市販されているが、これを使っても上質の豆乳ができる。

② 特徴的なダダチャマメ加工品

生食用のダダチャマメは約七〇％の二粒莢と一五％の三粒莢で占められるが、出荷品から除かれる一粒莢のマメは多くの食品やお菓子に加工されている。その主なものを紹介する。

図55　フリーズドライダダチャマメ

●ダダチャマメのフリーズドライ

ダダチャマメの未熟子実を凍結乾燥させたもの。さくっとした軽い食感で、ダダチャマメの風味が生きている。お菓子、おつまみ用として販売されている（図55）。

●莢取りダダチャマメ

ダダチャマメをゆでて、莢から取り出して、塩味を加味しビニールの袋に入れたもの。酒やビールのおつまみにしたり、サラダに加えるなど料理に用いることができる。

●ダダチャマメスープ

ダダチャマメの莢二〇〇～二五〇gをゆでて、子実を取り出し、等量の水を加え、ミキサーに二分間かけ均一化する。これに少量

図 56　ダダチャマメアイスクリーム

図 57　ダダチャ蒲鉾

の塩を加え、適温まで加熱しスープにする。水の代わりに牛乳を加えると濃厚なダダチャマメスープとなり、おいしい。

●ダダチャマメアイス

ダダチャマメの未熟子実をゆでた後でペーストにしてアイスに混ぜる。完全なペーストにしないで、砕いたダダチャマメを交ぜると風味と食感がよくなる。あるテレビ番組で、女優の宮沢りえさんに紹介されて、人気が倍増したという（図56）。

●ダダチャマメ蒲鉾（だだかま）

莢から子実を取り出して蒲鉾に練り込んだもので、ダダチャマメの味と蒲鉾の食感が調和し、見た目にも鮮やかな一品（図57）。

●ダダチャマメ麦きり

ダダチャマメ麦きりは、麦きりの麺にダダチャマメペーストを練り込み製造したものである。種皮の部分も入るため色が少し褐色になり、見た目が悪いという声もあるが、ゆでるとほのかにダダチャマメの香りや甘みが伝わってくる。

図58　ダダチャモチ

●ダダチャモチ（ズンダモチ）

ダダチャマメの餡《あん》に砂糖を混ぜて練り、モチにトッピングしたもので、冷凍して長期保存できる。また、ダダチャマメの餡をモチで包んだものがダダチャ大福で、これも冷凍したものが販売されている。これらは解凍後二日間はおいしくいただくことができる（図58）。

ダダチャモチは山形ではズンダモチとして一般家庭でもつくられている。ゆでたダダチャマメの子実を莢から取り出し、ダダチャマメ子実一〇〇gに対して砂糖を二〇～三〇g、塩を少々加え、すり鉢で練るか、フードプロセッサーでペースト状にする。この餡をモチにまぶして食べる。

ダダチャマメからつくるズンダモチは香りが強くとくにおいしい。

その他、ダダチャマメプリン、ダダチャマメ羊羹、ダダチャマメロール、ダダチャマメ煎餅などたくさんのダダチャマメを使った食品・菓子類がつくられ販売されている。それぞれ工夫して、調理加工してほしい。

おわりに

ダダチャマメを食べた人の多くが、その独特のおいしさと風味に魅せられる。エダマメの多くが淡泊な味なのに対して、おいしいダダチャマメはほんのりと甘く、コクがあり、ほのかな香りがする。私が所属する山形大学農学部では赤澤経也先生や笹原健夫先生が、その特徴を解明する研究を行なっていた。私もまたダダチャマメの魅力にとりつかれた一人であった。

私は、ダダチャマメがなぜおいしいのか、そのわけを平易な言葉で説明できるようにしたいと思った。糖や遊離アミノ酸をどのくらい含有しているのか。それらはダダチャマメの品種間でどのように異なるのか。そのほかの成分の特徴はどうなのか。栽培方法で成分やおいしさはどのように変わるのか。それらの成分の合成を支配する遺伝子はどうなっているのか。また、成分だけでなく、ダダチャマメとはどのようなエダマメなのか。その特性などをさまざま調べていくうちに、ダダチャマメはまだまだ進化していくこと、言い換えると、この貴重な遺伝資源を利用して、さらなる優れたエダマメの改良が必要であることを痛感した。笹原先生もダダチャマメについて、「将来は母本として使用されて多くの子孫を有する『偉大な母なる品種』として悠久にたたえられることであろう」と記している。

しかしながら、ダダチャマメの研究は、まだその途上にあり、まだまだ解明しなければならないことが多い。今回、浅学非才を顧みず、さしあたりダダチャマメの魅力を書き留めておこうと思った。しかし、この本ではその魅力の何分の一しか表わしていないとも思う。さらに、この魅力を解明する研究が必要である。この貴重な遺伝資源は単に山形県庄内地方の遺伝資源のみならず、日本の遺伝資源であり、世界の遺伝資源である。したがって、笹原先生の言葉を借りれば、われわれの責務の一つはこの「白山だだちゃ豆の遺伝的複合集団を貴重な資源として管理・維持し後生に伝えること」である。

ところで、ダダチャマメについての研究のなかで、いつも頭から離れないことは、誰がどのようにして、この類まれなおいしさのエダマメを育てたのかということであった。それはこの本のはじめに記したように、明治の後期に鶴岡は白山地区の一女性によって行なわれたのである。多くの品種改良の歴史のなかにあって、女性が主役ということは、他に例を見ないのではないか。森屋初という一女性の想像を絶する努力によって、今のダダチャマメがあるといっても過言ではない。この森屋初の功績を顕彰して、白山だだちゃ豆創選（品種の成立・創造）九〇周年記念して、二〇〇二年七月に記念碑が建立された（口絵参照）。ダダチャマメの生産に携わる人ばかりでなく、消費している人もみな、彼女森屋初の恩恵に浴している。そのことを考えると、森屋初の偉大な功績と、その情熱に熱いものがこみ上げてくる思いがする。

私がダダチャマメに関心をもつことになったのは、私を遺伝・育種学へと導いてくださった、故笹原健夫山形大学名誉教授に負うところが大きい。また、ダダチャマメに関して多くの情報をいただいた山形大学農学部の赤澤経也先生に感謝を申し上げる。本書に掲載したデータは、山形大学農学部、植物遺伝・育種学分野の学生たちが卒論などで取り組んでもらったおかげである。彼ら多くの学生たちに感謝を申し上げる。また本書を執筆するにあたっては、JA鶴岡の宮森徳弘氏、福原英喜氏、菅原充氏および神尾勇弥氏より貴重なご助言をいただいた。高橋晃氏にはダダチャマメ栽培のお手伝いをいただいた。茶毛枝豆専門部会長の保科亙氏には、生産者の立場からダダチャマメについて生の声を寄せていただいた。皆様には心から感謝を申し上げる。農文協書籍編集部には企画から完成に至るまで、貴重なご助言をいただいた。お礼を申し上げる。

本書ではダダチャマメの魅力のほんの一部を明らかにしたに過ぎない。まだ研究されるべきことが多く残っているが、これからこのすばらしいダダチャマメが世界のダダチャマメになることを願って、取り敢えず筆を置く。

二〇〇八年一月

阿部　利徳

著者略歴

阿部　利徳（あべ　としのり）

1948年、山形県東根市生まれ。
1982年、山形大学大学院農学研究科修士課程了。1986年、学位取得（農学博士、名古屋大学）。朝日工業㈱生物工学研究所を経て、1988年山形大学農学部助教授、2002年から同教授（植物遺伝育種学）。
著書に、『遺伝子組み換え作物と環境への危機』（共訳、合同出版、1999）
連絡先：〒997－8555
　　　　鶴岡市若葉町1－23 山形大学農学部

◆新特産シリーズ◆

ダダチャマメ

おいしさの秘密と栽培

2008年3月31日　第1刷発行

著者　阿部　利徳

発行所　社団法人　農山漁村文化協会
郵便番号 107-8668　東京都港区赤坂7丁目6－1
電 話 03(3585)1141(営業)　03(3585)1147(編集)
FAX 03(3589)1387　振替 00120-3-144478
URL http://www.ruralnet.or.jp/

ISBN 978-4-540-08106-4　DTP制作／ふきの編集事務所
〈検印廃止〉　印刷・製本／凸版印刷